Verkehr, Energieverbrauch
Nachhaltigkeit

Umwelt und Ökonomie Band 36

**Informationen über die Bände 1–14
sendet Ihnen auf Anfrage gerne der Verlag.**

Band 15: Christian Kölle
**Ökonomische Analyse internationaler
Umweltkooperationen**
1996. ISBN 3-7908-0901-2

Band 16: Rainer Souren
Theorie betrieblicher Reduktion
1996. ISBN 3-7908-0933-0

Band 17: Fritz Söllner
Thermodynamik und Umweltökonomie
1996. ISBN 3-7908-0940-3

Band 18: Thomas Nestler
**Umweltschutzinvestitionen im
Verarbeitenden Gewerbe**
1997. ISBN 3-7908-0962-4

Band 19: Anja Oenning
Theorie betrieblicher Kuppelproduktion
1997. ISBN 3-7908-1012-6

Band 20: Graciela Wiegand
**Die Schadstoffkontrolle von
Lebensmitteln aus ökonomischer Sicht**
1997. ISBN 3-7908-1024-X

Band 21: Karin Holm-Müller
**Ökonomische Anreize in der deutschen
Abfallwirtschaftspolitik**
1997. ISBN 3-7908-1028-2

Band 22: Ronald Wendner
**CO_2-Reduktionspolitik und
Pensionssicherung**
1997. ISBN 3-7908-1032-0

Band 23: Jochen Cantner
**Die Kostenrechnung als Instrument
der staatlichen Preisregulierung in der
Abfallwirtschaft**
1997. ISBN 3-7908-1033-9

Band 24: Gerd R. Nicodemus
**Reale Optionswerte in der
Umweltökonomie**
1998. ISBN 3-7908-1089-4

Band 25: Bernd Klauer
Nachhaltigkeit und Naturbewertung
1998. ISBN 3-7908-1114-9

Band 26: Bernd Meyer et al.
Modellierung der Nachhaltigkeitslücke
1998. ISBN 3-7908-1122-X

Band 27: Prognos AG (Hrsg.)
**Nachhaltige Entwicklung
im Energiesektor?**
1998. ISBN 3-7908-1138-6

Band 28: Bernd Meyer et al.
Marktkonforme Umweltpolitik
1999. ISBN 3-7908-1184-X

Band 29: Armin Rudolph
**Altproduktentsorgung aus betriebs-
wirtschaftlicher Sicht**
1999. ISBN 3-7908-1200-5

Band 30: Volker Radke
Nachhaltige Entwicklung
1999. ISBN 3-7908-1223-4

Band 31: Jörg Helbig, Jürgen Volkert
Freiwillige Standards im Umweltschutz
1999. ISBN 3-7908-1236-6

Band 32: Jochen Diekmann et al.
Energie-Effizienz-Indikatoren
1999. ISBN 3-7908-1243-9

Band 33: Forum für Energiemodelle
und Energiewirtschaftliche Systemanalysen
in Deutschland (Hrsg.)
**Energiemodelle zum Klimaschutz
in Deutschland**
1999. ISBN 3-7908-1244-7

Band 34: Forum für Energiemodelle
und Energiewirtschaftliche Systemanalysen
in Deutschland (Hrsg.)
**Energiemodelle zum Kernenergieausstieg
in Deutschland**
2002. ISBN 3-7908-1453-9

Band 35: Joachim Frohn et al.
Wirkungen umweltpolitischer Maßnahmen
2003. ISBN 3-7908-0102-X

*Ausführliche Informationen finden Sie auf unserer Homepage unter
http://www.springeronline.com/series/1997*

Rainer Hopf · Ulrich Voigt

Verkehr Energieverbrauch Nachhaltigkeit

In Zusammenarbeit mit ifeu Heidelberg
Ulrich Höpfner, Wolfram Knörr, Udo Lambrecht

Mit 16 Abbildungen und 43 Tabellen

Springer-Verlag Berlin Heidelberg GmbH

Reihenherausgeber
Werner A. Müller
Martina Bihn

Autoren
Dr. Rainer Hopf
Dr. Ulrich Voigt

Deutsches Institut für Wirtschaftsforschung (DIW)
Abteilung Energie, Verkehr, Umwelt
Königin-Luise-Straße 5
14195 Berlin

rhopf@diw.de
uvoigt@diw.de

ISBN 978-3-7908-0198-9   ISBN 978-3-7908-2713-2 (eBook)
DOI 10.1007/978-3-7908-2713-2

Die Deutsche Bibliothek – CIP-Einheitsaufnahme
Die Deutsche Bibliothek verzeichnet diese Publikation in der Deutschen Nationalbibliografie;
detaillierte bibliografische Daten sind im Internet über <http://dnb.ddb.de> abrufbar.

Dieses Werk ist urheberrechtlich geschützt. Die dadurch begründeten Rechte, insbesondere die der Übersetzung, des Nachdrucks, des Vortrags, der Entnahme von Abbildungen und Tabellen, der Funksendung, der Mikroverfilmung oder der Vervielfältigung auf anderen Wegen und der Speicherung in Datenverarbeitungsanlagen, bleiben, auch bei nur auszugsweiser Verwertung, vorbehalten. Eine Vervielfältigung dieses Werkes oder von Teilen dieses Werkes ist auch im Einzelfall nur in den Grenzen der gesetzlichen Bestimmungen des Urheberrechtsgesetzes der Bundesrepublik Deutschland vom 9. September 1965 in der jeweils geltenden Fassung zulässig. Sie ist grundsätzlich vergütungspflichtig. Zuwiderhandlungen unterliegen den Strafbestimmungen des Urheberrechtsgesetzes.

© Springer-Verlag Berlin Heidelberg 2004
Ursprünglich erschienen bei Physica-Verlag Heidelberg 2004

Die Wiedergabe von Gebrauchsnamen, Handelsnamen, Warenbezeichnungen usw. in diesem Werk berechtigt auch ohne besondere Kennzeichnung nicht zu der Annahme, dass solche Namen im Sinne der Warenzeichen- und Markenschutz-Gesetzgebung als frei zu betrachten wären und daher von jedermann benutzt werden dürften.

Umschlaggestaltung: Erich Kirchner, Heidelberg

SPIN 10991725   88/3130-5 4 3 2 1 0 – Gedruckt auf säurefreiem Papier

Inhalt

1 Einleitung 1
   1.1 Ziel der Untersuchung und Ausgangssituation im
       Verkehrsbereich 1
   1.2 Methodische Vorgehensweise und Arbeitsschwerpunkte 4
   1.3 Abgrenzungen 6
       1.3.1 Personenverkehr 6
       1.3.2 Güterverkehr 7

2 Rahmenbedingungen für die künftige Verkehrsentwicklung 11
   2.1 Demografische und ökonomische Leitdaten 11
   2.2 Verkehrs- und ordnungspolitische Rahmenbedingungen 14

3 Nachhaltige Verkehrspolitik 21
   3.1 Nachhaltigkeit im Verkehr 21
   3.2 Instrumente und Maßnahmen im Nachhaltigkeitsszenario 2020 22

4 Verkehrsentwicklung im Trendszenario 33
   4.1 Personenverkehr 33
       4.1.1 Ausgangssituation 33
       4.1.2 Vorausschätzung bis 2020 34
       4.1.2.1 Verkehrsleistungen und Verkehrsaufkommen 34
       4.1.2.2 Fahrleistungen im Straßenverkehr 37
   4.2 Güterverkehr 38
       4.2.1 Ausgangssituation und methodische Vorbemerkungen 38
       4.2.2 Verkehrsaufkommen und Verkehrsleistungen 42
       4.2.3 Fahrleistungen im Straßengüterverkehr 48

5 Verkehrsentwicklung im Nachhaltigkeitsszenario 51
   5.1 Personenverkehr 51
       5.1.1 Wirkungen verkehrspolitischer Maßnahmen auf die
            Verkehrsnachfrage 51
       5.1.1.1 Preispolitische Maßnahmen 51
       5.1.1.1.1 Erhöhung der Mineralölsteuer 52
       5.1.1.1.2 Pendlerpauschale 55

5.1.1.1.3 Parkraumbewirtschaftung in Städten und
Ballungsgebieten 58
5.1.1.2 Ordnungspolitische Maßnahmen 60
5.1.1.3 Infrastrukturpolitik, Verkehrsangebotspolitik und
Öffentlichkeitsarbeit 61
5.1.2 Verkehrsnachfrage im Nachhaltigkeitsszenario 2020 62
5.1.3 Verkehrsausgaben der privaten Haushalte 68
5.2 Güterverkehr 76
5.2.1 Verkehrspolitische Ausgangssituation in Deutschland
und in der Europäischen Union 76
5.2.2 Methodik 81
5.2.2.1 Ansatzebenen und Handlungsoptionen 81
5.2.2.2 Instrumente und Maßnahmen 83
5.2.2.3 Operationalisierung 88
5.2.3 Ökonomische Rückwirkungen von Preiserhöhungen im
Straßengüterverkehr 96
5.2.4 Verkehrsaufkommen, Verkehrsleistungen, Fahrleistungen 99
5.2.4.1 Wirkungen von TK-Technik und E-Commerce 99
5.2.4.2 Verkehrsaufkommen und Verkehrsleistungen 101
5.2.4.3 Fahrleistungen 107

6 Luftverkehr 111
6.1 Vorbemerkungen 111
6.2 Ausgangssituation 112
6.3 Trendprognose für den Passagierluftverkehr und den
Luftfrachtverkehr 113
6.4 Nachhaltigkeitsszenario 113
6.4.1 Maßnahmen im Nachhaltigkeitsszenario 113
6.4.2 Ergebnisse für das Nachhaltigkeitsszenario 116

**7 Energieverbrauch und Kohlendioxidemissionen im Personen-
und Güterverkehr** 121
7.1 Berechnungsgrundlagen 122
7.2 Berechnungsergebnisse 128

8 Zusammenfassung der Szenarienergebnisse und Fazit 135

**9 Tendenzen der Verkehrsnachfrage, des Energieverbrauchs
und der CO_2-Emissionen im Zeitraum 2020–2050** 143
9.1 Rahmenbedingungen 143
9.2 Personenverkehr 144
9.3 Güterverkehr 147

9.4 Technische Potenziale zur Reduktion von Energieverbrauch und Kohlendioxid-Emissionen 149

Abbildungsverzeichnis 155

Tabellenverzeichnis 157

Bibliographie 161

1 Einleitung

1.1 Ziel der Untersuchung und Ausgangssituation im Verkehrsbereich

Die vorliegende Untersuchung wurde im DIW Berlin in Zusammenarbeit mit dem Institut für Energie- und Umweltforschung Heidelberg (ifeu) als Teil einer Monitoring-Studie zum Thema „Nachhaltige Energieversorgung" des Büros für Technikfolgenabschätzung beim Deutschen Bundestag (TAB) erstellt.[1] In dieser Arbeit werden Instrumente und Maßnahmen für den Bereich Verkehr im Hinblick auf die Erreichbarkeit des Zieles einer nachhaltigen Energieversorgung bewertet.

Es werden ein Trend- und ein Nachhaltigkeitsszenario definiert. Die Trendentwicklung ist eng an das im Rahmen der Prognosen zur Bundesverkehrswegeplanung (BVWP) mit der Projektionsperiode 1997/2015 erstellte Trendszenario angelehnt. Das Basisjahr der BVWP-Untersuchung (1997) wurde hier übernommen. Die Fortschreibung der BVWP-Projektion bis 2020, dem hier zu Grunde gelegten Projektionszieljahr, erfolgte auf Basis plausibler Annahmen und diverser anderer Vorausschätzungen zur demografischen und ökonomischen Entwicklung. Im Trendszenario wird die Verkehrsentwicklung, abhängig von den sozioökonomischen und sozio-demografischen Leitdaten, unter der Annahme prognostiziert, dass die heutige Verkehrspolitik auf allen beteiligten Ebenen im wesentlichen beibehalten wird. Diese Trendschätzung dient als Referenzfall für das Nachhaltigkeitsszenario. In ihm werden die Möglichkeiten ausgelotet, durch ein geeignetes Spektrum von Maßnahmen – bei konstant gehaltenen sozio-demografischen und sozio-ökonomischen Rahmendaten – die im Referenzfall (Trend-Szenario) ermittelten Kohlendioxid (CO_2)-Emissionen zu vermindern.

Auf den Verkehrssektor entfällt derzeit in Deutschland ein Anteil am Endenergieverbrauch von 29 % (Industrie 25 %, Haushalte und Klein-

---

[1] Das DIW Berlin bearbeitete die Nachfrageentwicklung im Personen- und Güterverkehr; ifeu Heidelberg berechnete die Kohlendioxidemissionen.

verbraucher 46 %). Der vergleichbare Wert betrug 1970 in Westdeutschland noch 17 % und 1991 im vereinten Deutschland 26 %. Bis 1999 ist er auf 30 % gestiegen und verzeichnete in den letzten Jahren einen geringen Rückgang.

Auch in absoluten Energieverbrauchsmengen gerechnet ergab sich eine kontinuierliche Steigerung bis 1999 auf 2781 Petajoule. Seitdem ist der Verbrauch geringfügig gesunken, und zwar auf 2674 Petajoule (−3,8 %) im Jahr 2002.

Bei den verkehrsbedingten Emissionen von CO_2 ist eine vergleichbare Entwicklung festzustellen. Hier stieg der Anteil des Verkehrs an den gesamten Emissionen bis 1999 auf 22 % und ist seitdem leicht rückläufig. Die absoluten emittierten Mengen zeigen den gleichen Verlauf. Nach einem Höchststand im Jahre 1999 (188 Mill. t) ergab sich bis 2001, dem aktuellsten statistisch belegten Jahr, ein Rückgang um 4,8 %.

Der Rückgang des verkehrsbedingten Energieverbrauchs und der CO_2-Emissionen in den letzten Jahren dürfte vor allem auf die Entwicklung bei den Fahrleistungen der Personenkraftwagen zurückzuführen sein, die sich zwischen 1999 und 2002 um 4,7 % verminderten, während die Fahrleistungen im Straßengüterverkehr noch eine geringe Zunahme aufwiesen.[2] Ob hier nach dem über mehrere Jahrzehnte beobachtbaren Anstieg nunmehr eine gewisse Trendänderung zu verzeichnen ist oder ob der aktuell zu registrierende Rückgang vor allem konjunkturell bedingt und möglicherweise nicht von Dauer ist, kann derzeit nicht abschließend beurteilt werden.

In jedem Fall zeigen die Daten, dass der Verkehr für den gesamten Energieverbrauch und die gesamten Emissionen von CO_2 nach wie vor ein zentraler Bereich ist. Verkehrsleistungen haben in der Präferenzskala der privaten Haushalte noch immer eine herausgehobene Bedeutung[3] und der Transport von Gütern ist innerhalb von komplexer werdenden Logistiksystemen die essenzielle Voraussetzung dafür, produktionswirtschaftliche Vorteile durch stärkere Differenzierung der Arbeitsteilung, effiziente Beschaffungssysteme und Lagerhaltung bis hin zu einer Neuorganisation von Wertschöpfungsketten im Rahmen des Einsatzes neuer IuK-Techniken zu realisieren. Vorliegende Prognosen gehen langfristig von einer weiteren Zunahme des Personen- und des Güterverkehrs aus. Mit den bislang umgesetzten politischen Maßnahmen zur Beeinflussung des Verkehrssystems ist

---

[2] Alle Daten wurden aus ViZ (2003/2004) entnommen.
[3] Vgl. Voigt U. (2000).

1.1 Ziel der Untersuchung und Ausgangssituation im Verkehrsbereich

es nicht gelungen, Verkehrsleistungen auf weniger umweltbelastende Verkehrsträger zu verlagern bzw. durch technische Verbesserungen steigende Verkehrsleistungen mit deutlich sinkendem Energieverbrauch und geringeren CO_2-Emissionen in Einklang zu bringen.

Ziel der vorliegenden Untersuchung ist es, Instrumente und Maßnahmen zu analysieren, mit denen auf mittlere und lange Frist auch das Verkehrssystem einen Beitrag zu einer nachhaltigen Energieversorgung leisten kann. In Anbetracht der Zielrichtung der Studie sollen dafür zunächst ökologische Kriterien als Ausgangspunkt zugrunde gelegt werden; ökonomische und soziale Auswirkungen der entsprechenden Maßnahmen werden im weiteren Verlauf der Untersuchung gesondert betrachtet. Der für die Untersuchung zu Grunde gelegte Prognosehorizont entspricht dem der Arbeiten für die Enquete – Kommission „Nachhaltige Energieversorgung unter den Bedingungen der Globalisierung und der Liberalisierung" des Deutschen Bundestages (14. Wahlperiode) und ist mit dem Jahr 2050 äußerst langfristig angelegt. Die Erfahrungen aus früheren Untersuchungen (u.a. für die Klima-Enquete-Kommissionen des Deutschen Bundestages „Vorsorge zum Schutz der Erdatmosphäre"(1990) und „Schutz der Erdatmosphäre"(1993)) zeigen, dass Quantifizierungen von ökonomischen und verkehrsbezogenen Aggregaten sowie von Wirkungszusammenhängen über einen Zeitraum von 50 Jahren nur sehr eingeschränkt möglich sind. Zwar ist auch für Vorausschätzungen über einen Zeitraum von etwa 20 Jahren ein gehöriges Maß an (rationaler) Phantasie erforderlich, die Entwicklungen sind aber im Prinzip mit dem vorhandenen Fundus an Erfahrungen noch einschätzbar. Das Problem bei einer Vorausschätzung bis 2020 liegt vor allem darin, dass eine auf Nachhaltigkeit konzentrierte und koordinierte Politik noch nirgendwo durchgeführt worden ist. Die Auswirkungen von bisher ergriffenen Einzelmaßnahmen müssen konsistent und überschneidungsfrei zusammengeführt und in die Zukunft übertragen werden.

Für 2050 vervielfachen sich die Probleme. Schon die demographische Entwicklung ist bis dahin nur mit sehr großen Unsicherheiten vorherzusagen; noch schwieriger ist eine ökonomische Prognose. Berücksichtigt man, welche gesellschaftlichen Umwälzungen und Veränderungen der individuellen Verhaltensweisen in den letzten 50 Jahren eingetreten sind, welcher Umbruch sich in Europa derzeit vollzieht, so ist unmittelbar einsichtig, dass der Versuch, die Auswirkungen politischer Eingriffe auf schwer prognostizierbare Gesamtentwicklungen für einen Zeitraum von 50 Jahren zu beurteilen, nur äußerst spekulativen Charakter haben kann. Von daher wäre es ein falsches Verständnis der Prognosemöglichkeiten, solche Aussagen mit demselben Anspruch zu betrachten, wie die üblichen Vorausschätzungen über 10 bis 20 Jahre.

Die Szenarien wurden für diese Untersuchung im Jahre 2001 definiert. Soweit in den einzelnen Maßnahmen preispolitische Festlegungen getroffen wurden, erfolgten diese in DM. Alle monetären Angaben wurden für diese Veröffentlichung in Euro umgerechnet. Daraus erklären sich die z.T. etwas „unrunden" Beträge bei einigen Festlegungen.

1.2 Methodische Vorgehensweise und Arbeitsschwerpunkte

Da zu den einzelnen Arbeitsschwerpunkten jeweils einführend die methodischen Grundlagen ausführlich behandelt werden, soll hier nur ein grober Überblick gegeben werden.

Es werden ein Trendszenario und ein Nachhaltigkeitsszenario bis 2020 definiert. Für den Zeitraum 2020 bis 2050 werden qualitative Überlegungen angestellt. Eine Quantifizierung des demografischen, wirtschaftlichen, preispolitischen und verkehrspolitischen Rahmens bis 2050 hätte, angesichts der vielen Ungewissheiten, die mit einer Projektion über 50 Jahre verbunden sind, wenig Aussagekraft.

Im *Trendszenario* wird die Verkehrsentwicklung, abhängig von den sozio-ökonomischen und sozio-demografischen Leitdaten, unter der Annahme prognostiziert, dass die heutige Verkehrspolitik auf allen beteiligten Ebenen im wesentlichen beibehalten wird. Die sich gegenwärtig abzeichnenden und erkennbaren Veränderungen relevanter Einflussfaktoren allerdings – wie Erweiterung der EU, Ausbau und Erweiterung der Verkehrsnetze, Veränderung des preispolitischen Rahmens für die Verkehrsträger – werden miteinbezogen. Die fahrtzweck- und güterbereichsspezifische Trendprognose des Verkehrsaufkommens (beförderte Personen bzw. Tonnen) und der Verkehrsleistungen (Personenkilometer und Tonnenkilometer) sowie der Fahrleistungen im Straßenverkehr steckt die Entwicklungslinien des Gesamttransportmarktes und damit auch der Energieverbrauchswerte und der CO_2-Emissionen ab.

Die ursprüngliche Absicht, bei diesem prognostischen Rahmen die Ergebnisse des Integrationsszenarios der für die Bundesverkehrswegeplanung fertiggestellten Langfristprognosen[4] zu verwenden, wurde nach eingehender Prüfung der dort für das Jahr 2015 ermittelten Schätzwerte – insbesondere für den Modal Split – und einem Vergleich mit der aktuellen „Ist"-Entwicklung verworfen. Das im Rahmen der BVWP-Prognosen erarbeitete „Trendszenario", das sich vom Integrationsszenario vor allem durch die preispolitischen Annahmen und generell im Personen- und Güterverkehr durch höhere Steigerungsraten für den motorisierten Individualverkehr bzw. den Straßengüterverkehr unterscheidet, wird als Referenzfall für das Nachhaltigkeitsszenario zu Grunde gelegt.

Im *Nachhaltigkeitsszenario* werden die Möglichkeiten ausgelotet, durch ein geeignetes Spektrum von Maßnahmen – bei konstant gehaltenen soziodemografischen und sozio-ökonomischen Rahmendaten – die im Referenzfall (Trendszenario) ermittelten CO_2-Emissionen zu verringern. Dabei werden viele Einzelmaßnahmen aus verschiedenen Politikbereichen zu effizienten Maßnahmenbündeln zusammengefasst, die verkehrsverlagernde (Veränderung des Modal Split zugunsten umweltverträglicherer Verkehrsabläufe), transportvermeidende (wie Ausschöpfung der Rationalisierungspotenziale) sowie die Technik der Fahrzeuge verbessernde (wie Energieeinsparung) Wirkungen haben. Das wichtigste Element des Nachhaltigkeitsszenarios ist die Verkehrsverlagerung. Hier wird ein gegenüber dem Trendfall alternativer, fiskal- und verkehrspolitischer Rahmen definiert, der die Wettbewerbssituation der mit dem Straßenverkehr (motorisierter Individualverkehr und Straßengüterverkehr) konkurrierenden Verkehrsträger (Öffentlicher Straßenpersonenverkehr, Eisenbahn und nicht motorisierter Verkehr im Personenverkehr bzw. Eisenbahn und Binnenschifffahrt im Güterverkehr) erheblich verbessert. Die Beziehungsmuster zwischen den Qualitätsansprüchen bzw. den logistischen Anforderungsprofilen der Verkehrsnachfrager und den Angebotsmerkmalen der Verkehrsträger im Referenzfall werden bewusst durchbrochen.

Für den Luftverkehr werden separate Überlegungen angestellt. Die im bodengebundenen Personen- und Güterverkehr zu Grunde gelegten Instrumente und Maßnahmen wären auf den Luftverkehr nur sehr eingeschränkt anwendbar. Angesichts der Bedeutung des Luftverkehrs für die klimarelevanten Emissionen wird er in dieser Studie in Anlehnung an eine

---

[4] Vgl. BVU, ifo, ITP und PLANCO (2001).

für das Umweltbundesamt durchgeführte Studie gesondert berücksichtigt.[5] Der Zeithorizont dieser Untersuchung ist ebenfalls das Jahr 2020.

Die Arbeitsschwerpunkte lassen sich wie folgt untergliedern:

- Fortschreibung des Trendszenarios „BVWP 2015" bis 2020 auf der Basis vorliegender demografischer und ökonomischer Langfristprojektionen für das Verkehrsaufkommen, die Verkehrsleistungen und die Fahrleistungen
- Definition des Konzepts der Nachhaltigkeit
- Aufbereitung der Rahmenbedingungen für das Nachhaltigkeitsszenario 2020
- Nachhaltigkeitsszenario 2020 für das Verkehrsaufkommen, die Verkehrsleistungen und die Fahrleistungen
- Ermittlung des Trend- und Nachhaltigkeitsszenarios für den Luftverkehr
- Energieverbrauch und Emissionen im Personen- und Güterverkehr
- Qualitative Überlegungen für den Zeitraum 2020 bis 2050.

1.3 Abgrenzungen

1.3.1 Personenverkehr

Die Analyse und Prognose des Personenverkehrs wird differenziert nach den Verkehrsarten

- motorisierter Individualverkehr
- Eisenbahnverkehr
- Öffentlicher Straßenpersonenverkehr
- Luftverkehr
- nichtmotorisierter Verkehr (Fahrrad und Fußwege)

durchgeführt. Dabei wird hinsichtlich der statistischen Abgrenzung den in den Arbeiten zur Bundesverkehrswegeplanung verwendeten Kategorien gefolgt.[6]

---

[5] TÜV Rheinland Sicherheit und Umweltschutz GmbH (TSU), Deutsches Institut für Wirtschaftforschung (DIW Berlin), Wuppertal Institut (WI) und Forschungsstelle für Europäisches Umweltrecht an der Universität Bremen (2001).
[6] Zur Abgrenzung der Kategorien und der verwendeten Daten vgl. BVU, ifo, ITP und PANCO (2001), S 92ff.

Hiernach wird zur Bestimmung der Eckwerte für den motorisierten Individualverkehr die Fahrleistungsrechnung des DIW Berlin herangezogen. Auch für den nichtmotorisierten Verkehr mit Fahrrädern oder zu Fuß werden Berechnungen des DIW Berlin auf der Basis der Haushaltsbefragung zum Verkehrsverhalten KONTIV verwendet.

Die Grundlage für die Daten des Eisenbahnverkehrs sind von der DB AG durchgeführte Erhebungen des Nah- und des Fernverkehrs. Die Zuordnung zu diesen Kategorien orientiert sich dabei an den Zuggattungen (Fernverkehr: ICE, IC/EC, IR, und sonstige Fernverkehrszüge; Nahverkehr: übrige Züge). Dabei kann es bei der Erfassung der Zahl der beförderten Personen zu Doppelzählungen kommen, wenn Zugkategorien beider Entfernungsbereiche benutzt werden. Die Verkehrsleistung wird durch das Erhebungsverfahren allerdings nicht überzeichnet.

Von den BVWP-Gutachtern wurden hinsichtlich des Verkehrsaufkommens Werte einer Modellrechnung zur „Matrix 97" verwendet, mit der die Doppelzählungen von Reisenden weitgehend eliminiert sein sollten. Für die Verkehrsleistungen wurden die auf Angaben der DB AG beruhenden Werte zu Grunde gelegt. Der Öffentliche Straßenpersonenverkehr, also der Verkehr mit U-Bahnen, Stadtschnell- und Straßenbahnen sowie Kraftomnibussen (einschließlich O-Bussen), wird von der amtlichen Statistik ausgewiesen. Allerdings sind hier die Fahrten mit ausländischen Omnibussen und von Kleinunternehmen mit weniger als 6 Omnibussen nicht enthalten. Beide Kategorien wurden über Schätzungen berücksichtigt.

Der Passagierluftverkehr wird zusammen mit dem Luftfrachtverkehr in Kapitel 6 betrachtet.

1.3.2 Güterverkehr

Auch hier entsprechen die sachlichen und regionalen Abgrenzungen denen, die den Verkehrsprognosen zur Bundesverkehrswegeplanung zu Grunde gelegt wurden.[7]

Verkehrsarten

Der Begriff „Güterverkehr" umfasst alle Transporte der Verkehrsarten

---

[7] Vgl. BVU, ifo, ITP und PLANCO (2001), S 190 ff.

1 Einleitung

- Eisenbahn (ohne Dienstgut-, Stückgut- und Expressgutverkehr) einschließlich Wechselverkehre der NE-Bahnen mit der Deutschen Bahn AG
- Binnenschifffahrt
- Straßengüterverkehr (gewerblicher Verkehr und Werkverkehr, Straßengüternahverkehr und Straßengüterfernverkehr)
- Luftfrachtverkehr

Die Seeschifffahrt wird nicht erfasst, sondern nur der Vor- und Nachlauf zu/von den deutschen Häfen mit Eisenbahnen, Binnenschiffen und Lkw. Der Transport von Rohöl in Rohrfernleitungen wird ebenfalls nicht betrachtet. Der Luftfrachtverkehr wird zusammen mit dem Passagierluftverkehr in Kapitel 6 behandelt.

Güterbereiche/Hauptverkehrsbeziehungen

Die Gesamtprognose ist – wie die Prognosen für die BVWP – nach den 12 DIW-Güterbereichen[8] durchgeführt worden, die im Rahmen früherer DIW-Güterverkehrsprognosen aus dem Katalog des Güterverzeichnisses für die Verkehrsstatistik 1969 definiert worden sind. (vgl. Abbildung 1.1.). Diese Güterbereiche reagieren weitgehend homogen auf die Rahmenbedingungen des Transportsektors (z.B. Angebotsstruktur der Verkehrsträger hinsichtlich der logistischen Anforderungen von Wirtschaft bzw. Verladern).

Die Verkehrsentwicklung und der Modal Split variieren räumlich sehr stark. Aus diesem Grunde erfolgt die Analyse und Prognose des Verkehrsaufkommens und der -leistungen getrennt für die vier Hauptverkehrsbeziehungen

- Binnenverkehr
- Grenzüberschreitender Versand
- Grenzüberschreitender Empfang
- Durchgangsverkehr bzw. Transit.

von \ nach	INLAND	AUSLAND
INLAND	Binnenverkehr	Grenzüberschreitender Versand (Export)
AUSLAND	Grenzüberschreitender Empfang (Import)	Durchgangsverkehr

---

[8] Diese 12 Güterbereiche haben den Vorteil, dass es sich um weitgehend homogene Teilaggregate handelt, die durch entsprechende sektorspezifische Leitvariable hinreichend analysiert und prognostiziert werden können (siehe Abb.1.1.).

Statistische Erfassungseinheiten

Unter dem Transport- bzw. Verkehrsaufkommen ist die Summe aller transportierten Güter in Mengeneinheiten (Tonnen, t) zu verstehen, die innerhalb eines Jahres in der Bundesrepublik Deutschland befördert werden. Die Verkehrsleistung (Tonnenkilometer, tkm) ist das Produkt von Verkehrsaufkommen (t) und zurückgelegter Transportentfernung (km), ebenfalls bezogen auf das Gebiet der Bundesrepublik Deutschland. Alle Gütertransporte, die die Grenzen zur Bundesrepublik Deutschland passieren, werden bei den Verkehrsleistungen (tkm) und bei den Fahrleistungen (km) nur bis zur Grenze (deutsche Streckenabschnitte) erfasst.

Die Fahrleistungen (km) sind die während eines Jahres zurückgelegten Strecken aller hier berücksichtigten Nutzfahrzeuge (In- und Ausländer) auf allen Straßen in Deutschland.

Nr.	DIW-Güterbereiche		Korrespondierende Hauptgruppen des „Güterverzeichnisses für die Verkehrsstatistik Ausgabe 1969" des Statistischen Bundesamtes	
1	Landwirtschaftliche Erzeugnisse		00 01 02 03 06	Lebende Tiere Getreide Kartoffeln Früchte, Gemüse Zuckerrüben
2	Nahrungs- und Futtermittel		11 12 13 14 16 17 18	Zucker Getränke Andere Genussmittel Fleisch, Eier, Milch Getreide-, Obst- und Gemüseerzeugnisse Futtermittel Ölsaaten, Fette a.n.g.
3	Kohle		21 22 23	Steinkohle, -briketts Braunkohle u.a., Torf Koks
4	Rohöl		31	Rohes Erdöl
5	Mineralölprodukte		32 33 34	Kraftstoffe, Heizöl Natur-, Raffineriegas Mineralölerzeugnisse a.n.g.

Abb. 1.1. Synopsis der Güterbereiche und der korrespondierenden Hauptgütergruppen

Nr.	DIW-Güterbereiche		Korrespondierende Hauptgruppen des „Güterverzeichnisses für die Verkehrsstatistik Ausgabe 1969" des Statistischen Bundesamtes	
6	Eisenerze	41	Eisenerze	
7	NE-Metallerze, Schrott	45	NE-Metallerze	
		46	Eisen-, Stahlabfälle	
8	Eisen, Stahl und NE-Metalle	51	Roheisen, -stahl	
		52	Stahlhalbzeug	
		53	Stab-, Formstahl u.a.	
		54	Stahlblech, Bandstahl	
		55	Rohre, Gießereierzeugnisse	
		56	NE-Metalle, -halbzeug	
9	Steine und Erden	61	Sand, Kies, Bims, Ton	
		63	Andere Steine und Erden	
		64	Zement, Kalk	
		65	Gips	
		69	Andere mineralische Baustoffe	
		95	Glas- u.a. mineralische Waren	
10	Chemische Erzeugnisse, Düngemittel	62	Salz, Schwefel, -kies	
		71	Natürliche Düngemittel	
		72	Chemische Düngemittel	
		81	Chemische Grundstoffe u.a.	
		82	Aluminiumoxyd	
		83	Benzol, Teer	
		89	Andere chemische Erzeugnisse	
11	Investitionsgüter	91	Fahrzeuge	
		92	Landmaschinen	
		93	Elektrotechnische Erzeugnisse, Maschinen	
		94	EBM-Waren u.a.	
12	Verbrauchsgüter	04	Textile Rohstoffe	
		05	Holz und Kork	
		09	Pflanzliche und tierische Rohstoffe a.n.g.	
		84	Zellstoff, Altpapier	
		96	Leder- und Textilwaren	
		97	Sonstige Waren a.n.g.	
		99	Besondere Transportgüter	

Abb. 1.1. (Fortsetzung)

2 Rahmenbedingungen für die künftige Verkehrsentwicklung

2.1 Demografische und ökonomische Leitdaten

Langfristige Verkehrsprognosen können nicht isoliert aus der Entwicklung des Verkehrssektors abgeleitet werden. Sie setzen vielmehr Analysen der Zusammenhänge mit der Wirtschafts- und Bevölkerungsentwicklung voraus. Als Grundlage von Vorausschätzungen der Verkehrsnachfrage werden daher Prognosen der Wirtschaftstätigkeit und der Bevölkerung benötigt.

Wie bereits ausgeführt, baut die hier erstellte Trendprognose der Verkehrsleistungen auf dem Trendszenario zur Bundesverkehrswegeplanung auf. Für die Entwicklung bis zum Jahr 2015, dem Zieljahr der BVWP, liegen daher in dieser Untersuchung auch die ökonomischen und demografischen Leitdaten der BVWP zu Grunde.[1]

Die weitere Entwicklung der Leitdaten für den Zeitraum 2015–2020 ist konsistent mit den grundlegenden Annahmen der BVWP-Prognosen vorausgeschätzt worden. Dabei wurde im Wesentlichen die für die Bundesverkehrswegeplanung erstellte Vorausschätzung des ifo-Instituts und des Bundesamtes für Bauwesen und Raumordnung (BBR) verwendet, die für einige Prognosevariablen auch einen Ausblick bis 2025 enthält.[2]

Da der Betrachtungszeitraum in der vorliegenden Studie gegenüber der Bundesverkehrswegeplanung lediglich um 5 Jahre verlängert wird, kann davon ausgegangen werden, dass sich die strukturellen Zusammenhänge zwischen der Verkehrsnachfrage und den wirtschaftlichen und demografischen Rahmenbedingungen nicht grundlegend verändern. Es können daher für die Fortschreibung der Verkehrsleistungen vereinfachte Ansätze verwendet werden (vgl. Kapitel 4).

---

[1] Vgl. BVU, ifo, ITP, PLANCO (2001), S 11 ff.
[2] Ifo (1999).

Für die Ableitung des Trendszenarios 2020 aus der Trendprognose der BVWP bis 2015 wurden im Einzelnen die Variablen

- Einwohner
- Erwerbstätige
- Haushalte
- Bruttoinlandsprodukt (BIP)

verwendet. Der Vorausschätzung des Güterverkehrs wurde darüber hinaus eine Aufgliederung der gesamtwirtschaftlichen Wertschöpfung nach Wirtschaftsbereichen zu Grunde gelegt.

Tabelle 2.1. Demografische und ökonomische Leitdaten

Variablen	Einheit	1997	2015	durchschn. jährliche Veränderung 2015/2020 in %
Einwohner	1000	82053	83487	–0,1
Haushalte	1000	37457	39745	0,0
Erwerbstätige	1000	33962	34473	0,1
Bruttoinlandsprodukt zu Preisen von 1991	Mrd. Euro	1586	2321	1,7

Quellen: ifo/BBR, Prognos, Statistisches Bundesamt.

Nach der ifo/BBR-Prognose wird die Zahl der Einwohner in Deutschland von 82,1 Mill. im Jahre 1997 auf 83,5 Mill. im Jahre 2015 zunehmen. Damit liegt diese Vorausschätzung über den beiden Varianten der 9. koordinierten Bevölkerungsvorausberechnung des Bundes und der Länder[3] sowie einer vom Statistischen Bundesamt im Rahmen von „Modellrechnungen" vorgelegten weiteren Schätzung.[4] In diesen drei Varianten wird für das Jahr 2015 ein Bevölkerungsbestand von jeweils 80,1 Mill., 81,0 Mill. bzw. 81,4 Mill. prognostiziert. Die Unterschiede zur ifo/BBR-Prognose, die zwischen 2,5 % und 4 % liegen, beruhen nach der Darstellung der BVWP-Gutachter fast ausschließlich auf unterschiedlichen Annahmen zur Außenwanderung. In der von ihnen vorgenommenen Würdigung der verschiedenen Annahmen[5] wird – wegen der Entwicklung am Arbeitsmarkt – die der Strukturdatenprognose zur BVWP zu Grunde liegende Annahme eines höheren Wanderungssaldos der Ausländer von 300.000 Personen im

---

[3] Statistisches Bundesamt (2000).
[4] Bundesministerium des Innern (2000).
[5] BVU, ifo, ITP, PLANCO (2001), S 15 f.

Jahresdurchschnitt des Prognosezeitraums für plausibel gehalten, der die vom Statistischen Bundesamt getroffenen Annahmen zumindest in den ersten beiden Varianten deutlich übertrifft. Die höhere Schätzung wurde für die Verkehrsprognose zu Grunde legt.

Tabelle 2.2. Bruttowertschöpfung nach Wirtschaftsbereichen

	1997	2015	durchschn. jährliche Veränderung 2015/2020 in %
	Mrd. Euro zu Preisen von 1991		
Land- und Forstwirtschaft	23	22,5	0,0
Energie und Bergbau	42,9	48,6	1,2
Verarbeitendes Gewerbe	409,5	579,3	1,9
Baugewerbe	83,9	91,5	0,9
Handel	138,6	193,3	1,7
Verkehr und Nachrichtenübertragung	93,1	159,5	2,8
Dienstleistungen	436,6	776,7	2,7
Staat/private Organisationen ohne Erwerbscharakter	206,6	225,0	0,8

Quellen: ifo/BBR.

Die Vorausschätzung der Haushalte wird unter Fortschreibung der beobachteten Haushaltsgrößen aus der Bevölkerungsschätzung abgeleitet. Für 2015 wird eine Zunahme um 6,1 % gegenüber 1997 auf 39,7 Mill. Haushalte erwartet.

Die Prognose der Erwerbstätigen stützt sich sowohl auf die Vorausschätzung der Bevölkerung als auch auf die des Bruttoinlandsproduktes. Hier wird für 2015 mit 34,5 Mill. Erwerbstätigen gerechnet. Dies entspricht einer Zunahme gegenüber 1997 um lediglich 1,5 %. Für die Wirtschaftstätigkeit wird ein langfristiges Wachstum erwartet, das – gemessen am Bruttoinlandsprodukt (BIP) – durchschnittlich 2,1 % p.a. beträgt. Das BIP steigt danach bis 2015 auf 2320,8 Mrd. Euro (zu Preisen von 1991) an.

Für die Verlängerung dieser Prognosen bis zum Jahr 2020 konnten die Ergebnisse für Bevölkerung, Haushalte und Erwerbstätige der ifo/BBR-Studie entnommen werden. Allerdings enthält die Darstellung der Prognose für das Bruttoinlandsprodukt in dieser Studie keine eindeutige Aussage. Danach wurde die mit einem gesamtwirtschaftlichen Modell des britischen Wirtschaftsforschungsinstituts „Cambridge Econometrics" erarbeitete Vorausschätzung für das Bruttoinlandsprodukt mit Wachstumsraten von durchschnittlich 2 % p.a. von einigen Experten des ifo-Instituts als „eher an der Obergrenze eines realistischen Prognosespektrums liegend" eingeschätzt.[6]

Diese einschränkende Beurteilung korrespondiert mit einer aktuellen Einschätzung der langfristigen Wirtschaftsentwicklung, die von Prognos für die Enquete-Kommission „Nachhaltige Energieversorgung" des Deutschen Bundestages erarbeitet wurde. Danach beläuft sich die mittlere jährliche Wachstumsrate des Bruttoinlandsproduktes im Zeitraum 2015 bis 2020 auf 1,7 %.[7] Diese Einschätzung wurde auch für die vorliegende Studie übernommen. Es ist jedoch darauf hinzuweisen, dass der quantitative Unterschied beider Schätzungen relativ klein und für die Höhe der Verkehrsnachfrage im Trendszenario von geringer Bedeutung ist.

2.2 Verkehrs- und ordnungspolitische Rahmenbedingungen

Die Verhaltensweisen der Verkehrsteilnehmer und der allgemeine ordnungspolitische Rahmen im Trendszenario lassen sich wie folgt charakterisieren:

- Ein autonomer Wertewandel, der sich quasi von selbst ohne gravierende Veränderung des ordnungs-, preis- und fiskalpolitischen Rahmens einstellt, und der zu wesentlich umweltverträglicheren Verkehrsabläufen führen würde, wird nicht erwartet. Die Veränderungen im Verkehrsverhalten aufgrund eines gesellschaftlichen Wertewandels dürften marginal sein.
- Als ordnungspolitisches Leitbild ist für alle Szenarien der BVWP-Prognose grundsätzlich die freie Wahl des Verkehrsmittels unterstellt worden. Dieses Leitbild wird unverändert übernommen. Abgesehen von zeitlichen und/oder regionalen Verkehrs-/Fahrverboten werden keine allgemeinen dirigistischen Eingriffe in die Verkehrsabläufe erwartet.

---

[6] ifo (1999), S 65.
[7] Prognos AG (2001), S 2.

2.2 Verkehrs- und ordnungspolitische Rahmenbedingungen 15

- Die Verkehrsmärkte werden weiter liberalisiert. Dies gilt insbesondere für den öffentlichen Straßenpersonennahverkehr und eingeschränkt für den Eisenbahnverkehr.

Die Nachfrageentwicklung im Personen- und Güterverkehr wird neben dem gesellschaftlichen und ordnungspolitischen Rahmen nicht unerheblich auch vom preispolitischen Rahmen, der Konfiguration und dem Ausbauzustand der Verkehrsnetze sowie der Qualität der Verkehrsträger beeinflusst. Für das Trendszenario werden grundsätzlich die entsprechenden Annahmen der BVWP-Prognosen 2015[8] zu Grunde gelegt und bis zum Jahre 2020 unter „Status quo"-Bedingungen fortgeschrieben. Die Ergebnisse werden gemeinsam mit den Annahmen zu den Kraftstoffpreisen und Nutzerkosten im Abschnitt 3.2 (Nachhaltigkeitsszenario) dargestellt (vgl. auch Tabellen 3.1–3.4).

Prognos hat im Rahmen der Erarbeitung von Entwürfen alternativer verkehrspolitischer Szenarien zur Verkehrsprognose 2015 Maßnahmen betrachtet, die einen direkten Effekt auf Struktur und Intensität der Verkehrsnachfrage haben, und sie szenariospezifisch acht Handlungsbereichen zugeordnet, die mehrfach auch schon in ähnlicher Form in einschlägigen DIW-Untersuchungen[9] definiert und diversen Szenario-Untersuchungen zu Grunde gelegt worden sind: Infrastrukturpolitik, Verkehrsangebotspolitik/Organisation, Ordnungspolitik, Fiskal- und Preispolitik, Technologiepolitik, Öffentlichkeitsarbeit/Schulung, verkehrsbezogene Umweltpolitik und Siedlungsstrukturpolitik. Einige der bei Prognos genannten Maßnahmen sind eher Wirkungen und Reaktionen (wie Auslastung der Straßenfahrzeuge, Effizienzsteigerung des Straßengüterverkehrs, Rückgang des Leerfahrtenanteils, Erhöhung oder Verringerung der Nutzerkosten) von bzw. auf Maßnahmen und werden deshalb im nachfolgenden Katalog ebenso wenig berücksichtigt wie jene, die von nur untergeordneter Bedeutung für das Zahlengerüst im Trendszenario sind. Nachfolgend werden für die einzelnen Handlungsbereiche die jeweils wichtigsten Maßnahmen differenziert nach Personen- und Güterverkehr übergreifenden oder nur den Personen- bzw. den Güterverkehr betreffenden Maßnahmen aufgelistet (Abbildung 2.1.).

---

[8] Vgl. BVU, ifo, ITP, PLANCO (2001), S 30ff.
[9] Vgl. u.a. Hopf R et al. (1990) sowie ferner DIW Berlin (Projektleitung), ifeu, IVU/HACON (1994).

Handlungs-/Maßnahmenbereich	Maßnahme
1. Infrastrukturpolitik	
1.1 Personen- und Güterverkehr übergreifende Maßnahmen	
Bundesfernstraßen	Investitionsprogramm (IP); Anti-Stau-Programm (ASP)
Schienenwege der Eisenbahn	Netz 21 der DB AG, Anti-Stau-Programm (ASP)
Flughäfen	Kapazitätsausbau zur Vermeidung von weiteren Engpässen
1.2 Personenverkehr	
Radwegenetze in Ballungsräumen	Fortsetzung der Ausbauten wie bisher
Ruhender Verkehr (Städte, Knoten)	Erhöhung der Stellplatzzahl in Parkhäusern; Reduktion der Zahl der unbewirtschafteten Stellplätze im Straßenraum
Kommunaler ÖPNV	Fortsetzung der Ausbauten im bisherigen Ausmaß
Schnittstellen zwischen den Verkehrsträgern	Bedarfsgerechte Anbindung von Flughäfen mit den Verkehrsträgern Schiene und Straße; Fortführung von Maßnahmen in kommunaler Baulastträgerschaft wie P&R, Bike&Ride, Bahnhof/ÖPNV-Anschluss
1.3 Güterverkehr	
	Investitionsprogramm (IP); Anti-Stau-Programm (ASP)
	Weitere Förderung von Maßnahmen zur Verbesserung der Schnittstellen zwischen den Verkehrsträgern a) Kombinierter Verkehr (63 Terminalstandorte, 4000 KV-Verbindungen, nachfrageorientiertes Bedienungssystem) b) Terminalförderung und Maßnahmen zur Effizienzsteigerung im Binnenschiffsumschlag c) Funktionsgerechter Ausbau und Erhalt der seewärtigen Zufahrten und Hinterlandanbindungen für die deutschen Seehäfen
2. Verkehrsangebotspolitik/Verkehrsnachfragemanagement	
2.1 Personen- und Güterverkehr übergreifende Maßnahmen	
Verkehrsflusssteuerung im Personen- und Güterverkehr	Bis 2015/2020 sind alle staugefährdeten BAB-Abschnitte mit derartigen Anlagen ausgestattet
Einkauf und Förderung von Leistungen der Bahn	Keine Einflussnahme des Bundes auf Bedienungsangebote des Schienenpersonen- und güterfernverkehrs

Abb. 2.1. Maßnahmen im Trendszenario

2.2 Verkehrs- und ordnungspolitische Rahmenbedingungen

Handlungs-/Maßnahmenbereich	Maßnahme
Harmonisierung technischer Abläufe (Interoperabilität) bei der Bahn	Bilaterale Vereinbarungen der DB AG mit den Nachbarbahnen zwecks Anpassung und Harmonisierung technischer Vorschriften und Normen
Angebotsorientierte und organisatorische Maßnahmen in der Luftfahrt	Innovationsmaßnahmen im Bereich der Flugsicherung (Flugsicherung kein Engpass); die Betriebsabläufe auf den Flughäfen werden besser abgestimmt
2.2 Personenverkehr	
Überregionaler Linienbusverkehr	Keine Veränderungen im überregionalen Linienbussystem gegenüber heute
3. Ordnungspolitik	
3.1 Personen- und Güterverkehr übergreifende Maßnahmen	
Geschwindigkeiten (Straße, Schiene, Wasserstraße)	a) Nachfrageabhängiges Geschwindigkeitsmanagement im Straßenverkehr b) Schienenverkehr: auf Neubaustrecken Höchstgeschwindigkeit 300 km/h, Netz 21 wird realisiert; im Güterverkehr Erhöhung der Transportgeschwindigkeiten um bis zu 10 % c) Bei der Binnenschifffahrt nur geringe relationsbezogene Verbesserungen
Zugang zum Schienennetz	In EU-Europa generell diskriminierungsfreier Zugang zur Schieneninfrastruktur für EU-Verkehrsunternehmen
3.3 Güterverkehr	
Gewichtsbezogene Verkehrsbe-Schränkungen (für Kfz)	Änderungen der gesetzlichen Vorschriften für Kfz-technische Merkmale führen zu tendenziell schwereren Fahrzeugen und steigenden Beanspruchungen der Straßen
4. Fiskal- und Preispolitik	
4.1 Personen- und Güterverkehr übergreifende Maßnahmen	
Steuern auf Mineralöl, Strom, Gas, reg. Energieträger	• Straßenverkehr: Realisierung der ökologischen Steuerreform bis 2003, bis 2020 reale Steuerkonstanz • Tankstellenabgabepreise 2020: VK Euro 1,06 real; DK Euro 0,93 real (Preisbasis 1997) • Einführung einer Stromsteuer für Schienenbahnen und O-Busse; erm. Steuersatz für ÖPNV und SPNV • Luftverkehr und Seeschifffahrt bleiben von der Kerosin- bzw. Mineralölsteuer befreit • Keine Umlage der Kfz- auf die Mineralölsteuer

Abb. 2.1. (Fortsetzung)

Handlungs-/Maßnahmenbereich	Maßnahme
Internalisierung externer Kosten	Wegen der Schwierigkeiten, hier einen EU-Konsens herbeizuführen, werden die externen Kosten nicht internalisiert
Emissionsabgaben	Keine generelle Einführung, jedoch wie bisher z.B. bei der Kfz-Steuer Orientierung der Abgabenhöhe an den Emissionen
Start- und Landegebühren auf den Verkehrsflughäfen.	Stärkere Betonung der Passagier- gegenüber den gewichtsbezogenen Anteilen bei den Landeentgelten; Einführung von schadstoffabhängigen Komponenten
GVFG-Mittel	Beibehaltung der Förderkriterien
4.2 Personenverkehr	
Regionalisierungsmittel	Festschreibung der 2001 erreichten Höhe bei den Regionalisierungsmitteln; Länder entscheiden autonom über den Einsatz der Mittel
PersBefGesetz §45a	Keine grundlegenden Änderungen
4.3 Güterverkehr	
Road Pricing auf Autobahnen	Für schwere Lkw>12 t wird eine streckenbezogene Gebühr von 7,7 Cent/Fzkm eingeführt; die zeitbezogene Euro-Vignette entfällt ersatzlos
5. Technologiepolitik	
5.1 Personen- und Güterverkehr übergreifende Maßnahmen	
Rad-Schiene-Weiterentwicklung (z.B. Umspuranlagen)	Die Rad-Schiene-Technik fokussiert auf die Schnittstellen zwischen Schienenbahnen mit unterschiedlicher Spurweite
Systeme und Dienste kollektiver Verkehrsbeeinflussung	Sie richten sich an den motorisierten Straßenverkehr und werden zügig ausgebaut: Verkehrsfunk, automatisierter Verkehrswarndienst, Parkleitsysteme sowie für den ÖPNV in den Großstädten zunehmend rechnergestützte Betriebsleitsysteme
Systeme und Dienste individueller Verkehrsbeeinflussung	Weitere Verbreitung von Zielführungssystemen; im Straßengüterverkehr Einführung von Systemen, die auf effizientere Transportabläufe und bessere Informationsbereitstellung für die Kunden abzielen
Alternative Kraftstoffe	Keine Maßnahmen, die eine stärkere Durchdringung des Marktes mit alternativen Kraftstoffen erwarten lassen
Energiesparende Technologien im Verkehr	Alle von Prognos genannten Konkretisierungen (Verringerung der spezifischen Kraftstoffverbräuche bei Pkw, Lkw, Eisenbahn und Luftverkehr) sind keine Maßnahmen, sondern das Ergebnis bzw. die Reaktion von/auf Maßnahmen, z. B. der Preispolitik oder der Forschungsförderung des Staates; hierzu werden keine Angaben gemacht

Abb. 2.1. (Fortsetzung)

2.2 Verkehrs- und ordnungspolitische Rahmenbedingungen

Handlungs-/Maßnahmenbereich	Maßnahme
5.2 Personenverkehr	
Magnetschwebebahn	Inselbetrieb im Entfernungsbereich von 50 bis 75 km Streckenlänge
Kommunikationstechnologien	Verstärkte Einführung von Verkehrsleit- und Managementsystemen
Qualitative Verbesserung und Erweiterung der ÖV-Angebote	Verstärkter Ausbau (Ticketing, Reservierung u.ä.)
5.3 Güterverkehr	
Automatisierte Umschlaganlagen im KV	Der Staat fördert die Erprobung und Markteinführung von automatisierten Umschlaganlagen; weitere Förderung von trimodalen Umschlaganlagen z.B. in Binnenhäfen
6. Siedlungsstrukturpolitik	
6.1 Personen- und Güterverkehr übergreifende Maßnahmen	
Ausrichtung der Siedlungsstruktur auf ein integriertes Verkehrssystem	Bauland für Wohnen und Gewerbe wird restriktiver als bisher ausgewiesen, Pilotvorhaben zur Synchronisierung von Siedlungs- und Verkehrsentwicklung

Quellen: BVU, ifo, ITP, PLANCO, Prognos.

Abb. 2.1. (Fortsetzung)

3 Nachhaltige Verkehrspolitik

3.1 Nachhaltigkeit im Verkehr

Die weithin wohl bekannteste Definition für „nachhaltige Entwicklung" wird im Brundtland Report als „development that meets the needs of the present without compromising the ability of future generations to meet their own needs" formuliert. Diese relativ vage Formulierung lässt viel Spielraum für Interpretationen und Konkretisierungen; das entsprechende Schrifttum ist daher auch außerordentlich umfangreich. So zitiert Wieland in einem Überblicksaufsatz Quellen, die zum Thema „Nachhaltigkeit" mehr als sechzig Definitionen gezählt haben.[1]

Überwiegend besteht heute Konsens, dass bei „nachhaltiger Entwicklung" die Ziele ökologische Verträglichkeit, wirtschaftliche Effizienz und soziale Gerechtigkeit gemeinsam zu realisieren sind.[2] Der Ausgangspunkt für die Gestaltung des Nachhaltigkeitsszenarios der Verkehrsentwicklung in der vorliegende Untersuchung ist die derzeit ökologisch unverträgliche Entwicklung des Verkehrsystems. Dabei ist das entscheidende Schlüsselproblem die Entwicklung der CO_2-Emissionen. Spätestens mit dem Dritten Bericht des Intergovernmental Panel on Climate Change (IPCC)[3] hat sich die Erkenntnis verfestigt, dass die Erderwärmung im Wesentlichen auf menschliche Aktivitäten zurückzuführen ist – insbesondere auf energiebedingte Treibhausgasemissionen.[4] Auf die Rolle des Verkehrssystems für die klimarelevanten CO_2-Emissionen ist bereits eingangs hingewiesen worden.

Das hier zu erstellende Szenario soll Maßnahmen hinsichtlich ihrer verkehrlichen Auswirkungen bewerten, die geeignet erscheinen, Reduktionspotenziale bei den CO_2-Emissionen in einer relevanten Größenordnung zu erschließen. Neben den Auswirkungen auf Verkehrs- und Fahrleistungen

---

[1] Wieland B (2001), S 2.
[2] Brodmann U und Spillmann W (2000), S 4.
[3] IPCC (2001).
[4] Vgl. zur aktuellen Entwicklung Ziesing H-J (2003).

sowie auf Energieverbrauch und Emissionen sollen auch Indikatoren betrachtet werden, die ökonomische und soziale Folgewirkungen kennzeichnen.

Angesichts der Zielsetzungen, die z.B. die Enquete-Kommission „Nachhaltige Energieversorgung unter den Bedingungen der Globalisierung und der Liberalisierung" für eine nachhaltige Entwicklung für notwendig hält, nämlich eine Reduktion der gesamten CO_2-Emissionen von 1990 bis 2020 um 30 % und bis 2050 um 80 %[5], sind spürbare Maßnahmen zur Begrenzung und Verlagerung des Straßen- und des Luftverkehrs sowie zur Stimulierung von deutlichen Verbesserungen beim spezifischen Energieverbrauch erforderlich. Die Maßnahmen sollten darüber hinaus so ausgewählt werden, dass ihre politische Umsetzung kurzfristig beginnen kann.

3.2 Instrumente und Maßnahmen im Nachhaltigkeitsszenario 2020

Grundsätzlich beziehen sich die Maßnahmen zur Beeinflussung des Verkehrssystems auf drei verkehrspolitische Grundstrategien:

- Verbesserung der Effizienz
- Verlagerung auf weniger umweltbelastende Verkehrsarten
- Verkehrsvermeidung

Allerdings lassen sich die meisten Maßnahmen nicht isoliert einer dieser Strategien zuordnen. In der Regel kommt es zu Überschneidungen oder Mehrfachwirkungen. So geht beispielsweise von einer Erhöhung der Mineralölsteuer und damit des Kraftstoffpreises ein Impuls zum Erwerb kraftstoffsparender Fahrzeuge und dadurch auch zur Entwicklung entsprechender Antriebe aus. Daneben kann – soweit akzeptable Alternativen vorhanden sind – auch die Benutzung öffentlicher Verkehrsmittel angeregt werden. Schließlich können bei einer Verteuerung von Verkehrsleistungen näher gelegene Fahrtziele relativ zu weiter entfernten an Bedeutung gewinnen, so dass auf diese Weise sich eine Verminderung der Verkehrsleistungen ergibt. Auch im Güterverkehr sind prinzipiell die drei genannten Ansatzebenen von Bedeutung. Bei vielen Maßnahmen ist die Wirkung für alle drei Strategien zu prüfen.

---

[5] Enquete-Kommission (2001).

Grundsätzlich kann eine wirksame Verkehrsbeeinflussung sich nicht nur auf eine einzelne Maßnahme oder auf wenige Instrumente stützen. Vielmehr ist ein abgestimmtes Bündel von Maßnahmen aus allen verkehrspolitischen Bereichen (Investitionspolitik, Preispolitik, Ordnungspolitik, organisatorische Maßnahmen, Öffentlichkeitsarbeit) notwendig.[6] Dadurch wird gewährleistet, dass die Erreichung der angestrebten Ziele nicht durch gegenläufige Wirkungen behindert wird. So könnten beispielsweise preisinduzierte verkehrsverlagernde Effekte durch einen großzügigen Ausbau des Straßennetzes konterkariert werden. Die Wirkungen einzelner Maßnahmen müssen sich vielmehr ergänzen und gegenseitig verstärken. Solche Synergieeffekte wiederum gestatten es, die Intensität von einzelnen Maßnahmen, z.B. der Preispolitik, vergleichsweise gering zu halten und damit Anpassungsschocks zu vermeiden.

In Abbildung 3.1. sind die Maßnahmen, die dem Nachhaltigkeitsszenario 2020 zu Grunde gelegt werden, nach Politikbereichen zusammengestellt. Angesichts des Umfangs des Kataloges sollen sie nicht im einzelnen diskutiert werden.

Wegen der herausgehobenen Bedeutung wird im Folgenden lediglich die angenommene Entwicklung bei den Kraftstoffpreisen und den fahrzeugbezogenen Kraftstoffkosten dargestellt. Dabei sind für die Prognose der Verkehrsnachfrage die realen Preisveränderungen entscheidend.

Neben den Annahmen zur Mineralölsteuergestaltung bestimmen auch die Entwicklung der Rohölpreise und der Verarbeitungskosten das Preisniveau. Hierfür sind in der Trendprognose zur BVWP Annahmen getroffen worden, die sowohl für die Preisgestaltung im Trendszenario als auch im Nachhaltigkeitsszenario von Bedeutung sind. Die Ergebnisse werden hier daher gemeinsam dargestellt.

Hinsichtlich der Verfügbarkeit von Mineralöl gehen die BVWP-Gutachter in Übereinstimmung mit anderen Experten davon aus, dass es im Prognosezeitraum zu keinem physisch bedingten Angebotsrückgang mit Versorgungsengpässen kommen wird. Für die Preisentwicklung von Rohöl wird ein realer Anstieg von 1,5 % p.a. zu Grunde gelegt. Dies bedeutet, dass der Ölpreis um diesen Prozentsatz schneller steigt als das generelle Preisniveau (z.B. für das Bruttoinlandsprodukt). Für die Kosten der

---

[6] Vgl. DIW Berlin (1996), S 3.

Mineralölverarbeitung dagegen wird real ein Rückgang (−0,75 % p.a.) erwartet.[7]

Hinsichtlich der Entwicklung des Mineralölsteuersatzes im Trendszenario werden die im Rahmen der ökologischen Steuerreform beschlossenen Erhöhungen bis 2003 zu Grunde gelegt, und es wird angenommen, dass der Steuersatz ab 2004 nominal mit der allgemeinen Preissteigerungsrate zunimmt.

Die beschriebenen Entwicklungen bis zum Jahr 2020 sind in den Tabellen 3.1. bis 3.4. ausgewiesen. Danach nimmt der reale Abgabepreis für Vergaserkraftstoff in der Trendentwicklung von 1997 bis 2020 um 28 % auf 1,06 Euro/l zu. Bei Diesel ist die prozentuale Steigerung auf Grund der niedrigeren Ausgangsbasis deutlich höher und beträgt 46 % (0,93 Euro/l).

Für die Kraftstoffkosten der Fahrzeugnutzer ist daneben die Entwicklung des Kraftstoffverbrauches von besonderer Bedeutung. Hier wird die Trendentwicklung bis zum Jahre 2020 vom ifeu-Institut Heidelberg auf der Grundlage von Verbrauchsannahmen für einzelne Zulassungsjahrgänge mit Hilfe des Modells TREMOD, das auch den Emissionsberechnungen zu Grunde liegt, ermittelt (vgl. Kapitel 7). Danach ergeben sich bis 2020 deutliche Rückgänge beim durchschnittlichen spezifischen Kraftstoffverbrauch. Bezogen auf den Fahrleistungsmix „Benzin/Diesel" (Dieselanteil im Jahre 2020: 43 %) ergibt sich von 1997 bis 2020 eine Reduktion des durchschnittlichen Verbrauchs um 37 % auf 5,5 Liter je 100 km. Die Kraftstoffkosten der Pkw-Nutzung vermindern sich mit diesen Annahmen deutlich. Gegenüber 1997 ergibt sich bis zum Jahr 2020 eine Reduktion um 20 % auf knapp 5,6 Euro je 100 km.

Vor dem Hintergrund der von der Enquete-Kommission „Nachhaltige Energieversorgung" zum Erreichen eines nachhaltigen Entwicklungspfades für notwendig gehaltenen deutlichen Reduktion der CO_2-Emissionen um 30% zwischen 1990 und 2020 wird für das Nachhaltigkeitsszenario eine kräftigere Verteuerung des Kraftstoffes zu Grunde gelegt. Es wurde hier von einer realen Zunahme beim Abgabepreis für Vergaserkraftstoff im Zeitraum von 1997 bis 2020 um 3 % p.a. ausgegangen. Dies entspricht einer realen Verdoppelung des Kraftstoffpreises. Für den Mineralölsteuersatz bei Vergaserkraftstoff ergibt sich nach dieser Annahme ein Betrag von

---

[7] „Reale" Preise werden statistisch ermittelt, indem die Preisentwicklung der betrachteten Größe auf die Preisentwicklung eines übergeordneten Aggregates, z.B. des Bruttoinlandsproduktes, bezogen wird.

1,19 Euro. Gleichzeitig wird – entsprechend der Position der EU-Kommission im aktuellen Weißbuch zur europäischen Verkehrspolitik[8] – davon ausgegangen, dass die Mineralölsteuer für Diesel auf das Niveau beim Vergaserkraftstoff angehoben wird. Die Annahmen sind im Einzelnen den Tabellen 3.1. bis 3.4. zu entnehmen.

Zur Ermittlung der Belastung der Autofahrer mit Kraftstoffkosten muss auch hier die Entwicklung des spezifischen Kraftstoffverbrauchs herangezogen werden. Nach den Annahmen und Berechnungsergebnissen des Modells TREMOD vermindert sich dieser Wert gegenüber der Trendentwicklung noch etwas. Für den Verbrauchsmix aus Benzin und Diesel (Dieselanteil bei den Fahrleistungen: 43 %) wird ein durchschnittlicher Verbrauch von 4,5 Liter je 100 km zu Grunde gelegt.

Durch diese Entwicklung wird der Anstieg der Kraftstoffkosten deutlich gebremst. Gegenüber dem Jahr 1997 nehmen die Kraftstoffkosten je 100 km um lediglich 8 % zu; gegenüber dem Trendszenario beträgt die Steigerung etwa ein Drittel (vgl. Tabellen 3.1. bis 3.5.).

Tabelle 3.1. Reale Kraftstoffpreise [a] und Kosten des PKW-Verkehrs – Vergaserkraftstoff

	Kraftstoffpreis je Liter [b]		Spez. Verbrauch		Kraftstoffkosten je 100 km	
	Euro	1997 = 100	l/100 km	1997 = 100	Euro	1997 = 100
1960	1,04	125	8,2	91	8,51	114
1970	0,75	90	9,6	107	7,17	96
1980	0,92	111	10,2	113	9,39	126
1990	0,72	86	9,7	108	6,94	93
1997	0,83	100	9,0	100	7,45	100
2020 Trend	1,06	128	6,0	67	6,34	85
2020 Nachh.	1,66	200	4,9	54	8,12	109

[a] Bezogen auf das Preisniveau des Bruttoinlandsproduktes, 1997 = 100.
[b] Normalbenzin, ab 1988 unverbleit, Jahresdurchschnitt.
Quellen: BVU, ifo, ITP, PLANCO, Berechnungen von ifeu und DIW Berlin.

---

[8] Kommission der Europäischen Gemeinschaften (2001).

Tabelle 3.2. Reale Kraftstoffpreise [a] und Kosten des Pkw-Verkehrs – Dieselkraftstoff

	Kraftstoffpreis je Liter [b]		Spez. Verbrauch		Kraftstoffkosten je 100 km	
	in Euro	1997 = 100	l/100 km	1997 = 100	in Euro	1997 = 100
1960	0,94	147	7,0	92	6,54	136
1970	0,77	122	8,6	113	6,65	138
1980	0,91	144	9,1	120	8,30	172
1990	0,64	101	7,8	103	5,00	104
1997	0,63	100	7,6	100	4,82	100
2020 Trend	0,93	146	4,9	64	4,54	94
2020 Nachh.	1,68	265	4,0	53	6,71	139

[a] Bezogen auf das Preisniveau des Bruttoinlandsproduktes, 1997 = 100.
[b] Jahresdurchschnitt.

Quellen: BVU, ifo, ITP, PLANCO, Berechnungen von ifeu und DIW Berlin.

Tabelle 3.3. Reale Kraftstoffpreise [a] und Kosten des Pkw-Verkehrs – Vergaser- und Dieselkraftstoff

	Kraftstoffpreis je Liter		Spez. Verbrauch		Kraftstoffkosten je 100 km	
	in Euro	1997 = 100	l/100 km	1997 = 100	in Euro	1997 = 100
1960	1,03	130	8,1	93	8,39	121
1970	0,75	94	9,5	109	7,14	103
1980	0,92	116	10,1	116	9,31	134
1990	0,70	89	9,4	107	6,58	95
1997	0,79	100	8,7	100	6,94	100
2020 Trend	1,00	126	5,5	63	5,53	80
2020 Nachh.	1,67	210	4,5	52	7,52	108

[a] Bezogen auf das Preisniveau des Bruttoinlandsproduktes, 1997 = 100.
[b] Mit Verbrauchsanteilen gewichtetes arithmetisches Mittel.

Quellen: BVU, ifo, ITP, PLANCO, Berechnungen von ifeu und DIW Berlin.

Tabelle 3.4. Komponenten der realen Kraftstoffpreise [a] – in Euro zu Preisen von 1997

	1997	2020 Trend	2020 Nachhaltigkeit
	– Vergaserkraftstoff [b] –		
Kraftstoffpreis	0,83	1,06	1,66
davon Mehrwertsteuer	0,11	0,15	0,23
Mineralölsteuer	0,50	0,68	1,20
Rohölpreis	0,09	0,13	0,13
sonstige Kosten	0,12	0,10	0,10
	– Dieselkraftstoff –		
Kraftstoffpreis	0,63	0,93	1,68
davon Mehrwertsteuer	0,09	0,13	0,23
Mineralölsteuer	0,32	0,55	1,20
Rohölpreis	0,10	0,14	0,14
sonstige Kosten	0,13	0,11	0,11

[a] Bezogen auf das Preisniveau des Bruttoinlandsproduktes, 1997 = 100.
[b] Normalbenzin, ab 1988 unverbleit, Jahresdurchschnitt.

Quellen: BVU, ifo, ITP, PLANCO, Berechnungen des DIW Berlin.

Handlungs-/Maßnahmenbereich	Maßnahme
1. Infrastrukturpolitik	
1.1 Personen- und Güterverkehr übergreifende Maßnahmen	
Bahninfrastruktur	Deutlicher Ausbau der Bahninfrastruktur, v.a. für den internationalen Verkehr und den Güterverkehr
	Steigerung der Streckenleistungsfähigkeit (moderne Zugleitsysteme)
	Keine weitere Stillegung von Nebenstrecken
Bundesfernstraßennetz	Kein genereller Netzausbau, Beseitigung von Engpässen
1.2 Personenverkehr	
ÖPNV	Beschleunigung des kommunalen ÖPNV durch Ausbau systemeigener Trassen und eine bessere Angebotskoordination zwischen den verschiedenen Verkehrsträgern
Radwegenetz (in Ballungsräumen)	Aufbau geschlossener Radwegenetze mit einer zugunsten des Radverkehrs geänderten Aufteilung städtischer Verkehrsräume
Ruhender Verkehr	Reduktion unbewirtschafteter Stellplätze im Straßenraum; Parkhausbau v.a. an Verknüpfungspunkten (P+R), dagegen nur noch ausnahmsweise in innerstädtischen Lagen. In Städten wird verstärkt Anwohnerparkieren eingeführt; Quartiersgaragen.
1.3 Güterverkehr	
Güterverkehrszentren	Bau nach bundesweit vernetzten Planungen, Orientierung an Vor- und Nachläufen, gezielte Veränderung des Modal Split
KV-Terminals (Bahn)	Aufbau eines hochleistungsfähigen europäischen KV-Systems mit Direktzugverbindungen, leistungsfähigen und durchgehenden internationalen Bahnverbindungen
	Nationaler Güterschnellverkehr mit Kleinbehältersystemen
Streckenkapazitäten Rangierbahnhöfe ortsfeste Anlagen (Bahn)	Erhöhung der Bahnhofskapazitäten, gezielte bauliche Maßnahmen zur Beschleunigung des Wagenladungsverkehrs, Automatisierung der Rangierabläufe, automatische Kupplung, Automatisierung der Zugbildung, international kompatible Zugsicherungs- und Betriebsleitsysteme
Automatisierte Umschlaganlagen (KV, Hafenumschlag) in der Binnenschifffahrt	Weiterentwicklung des kombinierten Verkehrs mit Binnenschiffen (u.a. Ausbau der Binnenhäfen zu trimodalen Umschlaganlagen, wie in Koblenz)

Abb. 3.1. Maßnahmen eines nachhaltigen Verkehrsszenarios 2020

Binnenwasserstraßen	Gezielte Verbesserung bei vorhandenen Engpässen
2. Verkehrsangebotspolitik/Verkehrsnachfragemanagement	
2.1 Personen- und Güterverkehr übergreifende Maßnahmen	
Bahnbetrieb	Entmischung des Eisenbahnbetriebs von Personen- und Güterverkehr Effizientere Gestaltung des Verkehrsablaufs der Bahn
2.2 Personenverkehr	
Mobilitätsmanagement	ÖPNV: Taktverdichtung, Netzerweiterung, flexible Bedienung, Sammeltaxen in dünnbesiedelten Räumen Busspuren, Vorrangschaltung für Busse und Trams Übersichtliches Tarifsystem, Erleichterung des Fahrscheinerwerbs Benutzerfreundliche Informationssysteme für Passagiere Attraktive Gestaltung von Bushaltestellen und Bahnhöfen Netz von Mobilitätszentralen Parkraumpolitik und –management: Parkleitsysteme, gezielte Parkraumbewirtschaftung, Überwachung, Bündelung und Bewirtschaftung von Parkplätzen, Freihalten von Flächen Mobilitätsmanagement in Unternehmen und Behörden (Mitfahrvermittlung am Arbeitsplatz, Reduzierung der Dienstwagen, Dienstfahrräder, umweltfreundliche Organisation von Dienstreisen)
Organisation des Flugverkehrs	Freigabe von Flugrouten, Verringerung von horizontalen, vertikalen & longitudinalen Abständen, verbesserte Lande- und Startmuster, verbesserte Luftraumkontrolle
2.3 Güterverkehr	
Automatisierte Umschlaganlagen (KV, Hafenumschlag)	Technik und Anwendung der Telekommunikation, automatisierte Umschlagtechniken und neue Schiffstypen werden im Rahmen der Forschungs- und Innovationspolitik des Bundes und der Küstenländer zur Effizienzsteigerung der Seehäfen gefördert
Grenzüberschreitender Verkehr	Abbau sämtlicher Hemmnisse im internationalen Schienengüterverkehr Überwindung von Inkompatibilitäten innerhalb der EU

Abb. 3.1. (Fortsetzung)

3. Ordnungspolitik	
3.1 Personen- und Güterverkehr übergreifende Maßnahmen	
Marktzugang	Intensivierung des Wettbewerbs auf der Schiene
Fahrerausbildung	Obligatorische Schulung in energiesparender, umweltschonender Fahrweise
3.2 Personenverkehr	
Geschwindigkeitsbegrenzung	Für Pkw: 120 km/h auf BAB und entsprechend ausgebauten Bundesstraßen, 80 km/h auf sonstigen Überlandstraßen; Für Omnibusse: Regelung wie bisher, jedoch stärkere Überwachung
Benutzervorteile	Bevorrechtigung für Fahrzeuge des öffentlichen Verkehrs (Busse, Bahnen) und Pkw mit mehreren Insassen oder Car-Sharing, lokale Verbote für motorisierte Fahrzeuge
3.3 Güterverkehr	
Marktzugang	Verschärfung der Marktzugangsregelungen im Straßengüterverkehr im Hinblick auf Zuverlässigkeit, finanzielle Leistungsfähigkeit und fachliche Kompetenz
	Volle Bahnkabotage innerhalb der EU
Tempolimit und Überholverbote	Regelung wie bisher, jedoch stärkere Überwachung
	Überholverbot für LKW auf Bundesfernstraßen
Fahrverbote	Ausdehnung räumlicher und zeitlicher Fahrverbote, v.a. nachts
Sozialvorschriften	verschärfte Überwachung der Vorschriften zu Lenk- und Ruhezeiten
4. Fiskal- und Preispolitik	
4.1 Personen- und Güterverkehr übergreifende Maßnahmen	
Mineralölsteuer (real, zu Preisen von 1997)	Vergaserkraftstoff: 1,20 Euro Diesel: 1,20 Euro
Tankstellenpreis(real, zu Preisen von 1997)	Vergaserkraftstoff: 1,66 Euro/l Diesel: 1,68 Euro/l
Kfz-Steuer	Emissionsabhängige Kfz-Steuer wie bisher
Parkraumbewirtschaftung in Städten	im Mittel 2,05 Euro/Std. (zu Preisen von 1997)
Harmonisierung von Steuern und Abgaben in der EU	Harmonisierung auf hohem Niveau
4.2 Personenverkehr	
Kilometerpauschale	Abschaffung
Kerosinsteuer	Kerosinsteuer von real 0,30 Euro in 2020 (wird kombiniert mit Emissionsabgabe, s.u.)

Abb. 3.1. (Fortsetzung)

Emissionsabgabe im Luftverkehr	Abgabensatz von real 1,62 Euro (umgerechnet auf 1 l Kerosin) in 2020 (CO_2- und NOx-Emissionen) (wird kombiniert mit Kerosinsteuer, s.o.)
Mehrwertsteuer im grenzüberschreitenden Luftverkehr	Aufhebung der Befreiung
4.3 Güterverkehr	
Autobahn-/Straßenbenutzungsgebühr	Für alle Fahrzeuge > 3,5 t zul. GG wird auf dem gesamten Straßennetz eine fahrleistungsabhängige Maut eingeführt; sie liegt fahrzeuggrößenabhängig zwischen 20,5 Cent und 51,1 Cent/Fzkm
5. Technologiepolitik	
5.1 Personen- und Güterverkehr übergreifende Maßnahmen	
Systeme und Dienste kollektiver Verkehrsbeeinflussung	Verkehrsfunk (RDS/TMC), Parkleitsysteme v.a. für den motorisierten Straßenverkehr
	ÖPNV: rechnergestützte Betriebsleitsysteme, die dem ÖPNV an den Lichtsignalanlagen konsequenten Vorrang einräumen, flächendeckend in allen Großstädten
6. Öffentlichkeitsarbeit/Schulung	
6.1 Personen- und Güterverkehr übergreifende Maßnahmen	
Soft policies	Öffentlichkeitsarbeit zur Bedeutung des Klimaschutzes bei Organisation des Verkehrs
6.2 Personenverkehr	
Informationspolitik	Informations- und Imagekampagnen zur Förderung energiesparsamer Verkehrsmittelbenutzung
	Informationspolitik zu den Schadenswirkungen des Luftverkehrs
6.3 Güterverkehr	
Imagebildung	Abgestimmte Werbekampagnen für kombinierte Verkehre
	Etablierung der Prädikate „umweltfreundlich" und „verlässlich" für Bahn und Schifffahrt
Verhaltensmuster	Förderung der Bereitschaft zur langfristigen Einbindung des Schienen- und Schiffstransports in verkehrsträgerübergreifende Logistikketten
7. Siedlungsstrukturpolitik	
7.1 Personen- und Güterverkehr übergreifende Maßnahmen	
Raumordnungs- und Städtebaupolitik	Baurechtliche Beschränkungen der Kommunen hinsichtlich der Errichtung von Siedlungen, Gewerbe- und Einkaufszentren, Verdichtung der Landnutzung für Wohn- und Gewerbezwecke

Quellen: BVU, ifo, ITP, PLANCO, Prognos, DIW Berlin.

Abb. 3.1. (Fortsetzung)

4 Verkehrsentwicklung im Trendszenario

4.1 Personenverkehr

4.1.1 Ausgangssituation

In den Tabellen 4.1. und 4.2. werden die grundlegenden Ausgangsdaten für den Personenverkehr ausgewiesen. Danach wurden im Jahre 1997 mehr als die Hälfte aller Fahrten und Wege mit Pkw und motorisierten Zweirädern zurückgelegt. Bei den Verkehrsleistungen entfielen etwa drei Viertel der zurückgelegten Personenkilometer auf diese Verkehrsmittel.

Mit der Eisenbahn wurden lediglich 2 % aller Personenfahrten unternommen, bei den Verkehrsleistungen betrug ihr Anteil auf Grund der überdurchschnittlichen Reiseweite dagegen 7 %. Hier fiel vor allem der Fernverkehr ins Gewicht, der an den Leistungen der Bahn mit knapp der Hälfte beteiligt war.

Mit dem öffentlichen Straßenpersonenverkehr (Busse, Straßenbahnen, U-Bahnen) wurden jeweils 8 % des Aufkommens und der Leistung des gesamten Personenverkehrs erbracht. Hier hatte bei den Verkehrsleistungen der Omnibus die größte Bedeutung. Mit Bussen wurden 82 % der im ÖSPV erbrachten Personenkilometer zurückgelegt. Der Fernverkehr machte etwa ein Viertel aller Leistungen dieser Verkehrsart aus.

Der Luftverkehr hatte am Verkehrsaufkommen lediglich einen Anteil von 0,1 %, bei den Leistungen von 4 %. Hierbei ist zu berücksichtigen, dass bei der Erfassung nach dem Territorialprinzip die Verkehrsleistungen nur über dem Bundesgebiet ermittelt werden.

Auf den nicht motorisierten Verkehr (Fußwege, Radfahrten) entfiel mehr als ein Drittel aller Wege (37 %), davon etwa drei Viertel auf Fußwege. Auf Grund der kürzeren Entfernungen machte der Anteil bei den Verkehrsleistungen jedoch nur 5 % aus. Hiervon wiederum wurde die Hälfte mit dem Fahrrad zurückgelegt.

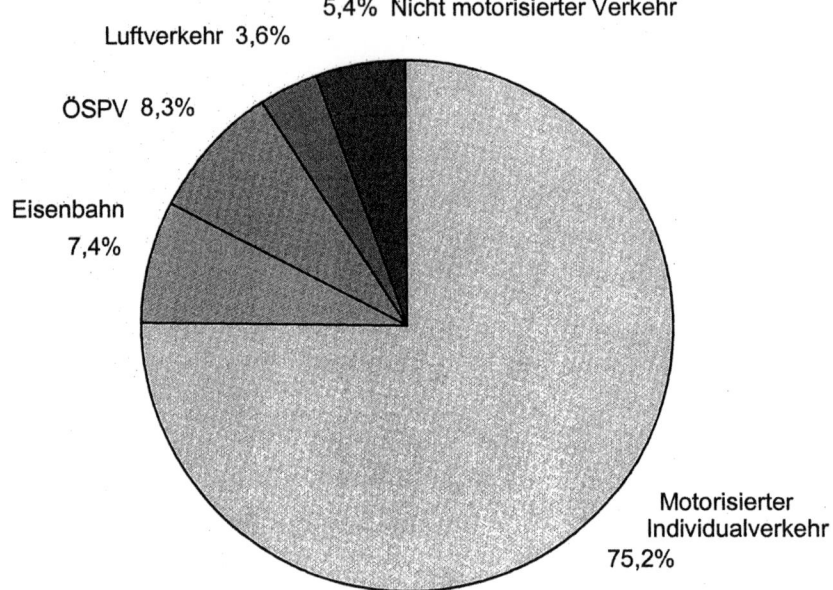

Quelle: Berechnungen des DIW Berlin.

Abb. 4.1. Personenverkehrsleistung in Deutschland im Jahre 1997 – Anteile der Verkehrsarten

4.1.2 Vorausschätzung bis 2020

4.1.2.1 Verkehrsleistungen und Verkehrsaufkommen

Wie bereits einleitend dargestellt, wird im Rahmen dieser Studie keine eigenständige Trendprognose des Verkehrs erstellt. Es werden vielmehr die prognostischen Arbeiten zur Bundesverkehrswegeplanung (BVWP) für die Bestimmung der verkehrlichen Referenzentwicklung verwendet. Damit ist u.a. gewährleistet, dass die Ergebnisse dieser Studie mit den Rahmenbedingungen der für das Bundesministerium für Verkehr, Bau- und Wohnungswesen erstellten Arbeiten kompatibel sind.

Als verkehrspolitischer Leitlinie für die Rahmenbedingungen des Personenverkehrs wird in diesem Szenario im wesentlichen von einer „Laisser-faire"-Orientierung ausgegangen. Es wurde unterstellt, dass keine verkehrspolitischen Aktionen ergriffen werden, die über den „Status quo", d.h. über gesetzgeberisch bereits verabschiedete Maßnahmen, hinaus gehen. Insbesondere die Kosten der Verkehrsträger werden in diesem Szenario im wesentlichen von den Marktentwicklungen bestimmt. Die verkehrspolitischen sowie die sozioökonomischen und demografischen Rahmenbedingungen wurden im Einzelnen im Kapitel 2 dargestellt.

Das Zieljahr der Arbeiten zur BVWP ist 2015. Um die Prognose als Referenzszenario in der vorliegenden Studie verwenden zu können, war es daher erforderlich, sie bis 2020 zu verlängern. Dies wurde im wesentlichen durch Schätzungen an Hand von Elastizitäten in Bezug auf sozioökonomische und demografische Leitdaten (vgl. Abschnitt 2.1) und plausible Fortschreibungen von Veränderungsraten vorgenommen.

Die Ergebnisse der Berechnungen sind in den Tabellen 4.1. und 4.2. ausgewiesen. Die gesamten Personenverkehrsleistungen nehmen danach zwischen 1997 und 2020 von 997 Mrd. Personenkilometer auf 1272 Mrd. Personenkilometer zu. Dies bedeutet eine Steigerung um 28 %.

Tabelle 4.1. Verkehrsaufkommen im Personenverkehr 1997–2020 – Trendszenario

	1997	Trend 2015 [a]	2020	Veränderungsrate 1997–2020 gesamter Zeitraum	durchschnittlich jährlich
	Beförderte Personen in Millionen			in %	
MIV	49.960	58.700	61.394	22,9	0,9
Eisenbahn	1.743	1.747	1.756	0,7	0,0
ÖSPV	8.000	7.414	7.300	−8,8	−0,4
nicht motorisierter Verkehr	34.641	32.971	32.719	−5,5	−0,2
Luft	121	251	300	147,9	4,0
Insgesamt [b]	94.465	101.083	103.469	9,5	0,4

[a] BVWP-Szenario.
[b] Für den Luftverkehr wurden die nach dem Territorialprinzip ermittelten Werte zu Grunde gelegt.

Quellen: BVU, ifo, ITP, PLANCO, Prognos, Berechnungen des DIW Berlin.

Unter den Verkehrsarten wächst der Luftverkehr am stärksten, seine Leistungen nehmen auf mehr als das Zweieinhalbfache zu. Unter den bodengebundenen Verkehrsarten hat der motorisierte Individualverkehr mit 28 % die größte Zunahme aufzuweisen. Für die Eisenbahn wird ein

Wachstum der Verkehrsleistung von 22 % erwartet. Dahinter stehen allerdings sehr unterschiedliche Entwicklungen im Nah- und im Fernverkehr. Während für die Leistungen des Fernverkehrs eine Zunahme um rund die Hälfte angenommen wird, ergibt sich für den Nahverkehr eine Stagnation. Für den Öffentlichen Straßenpersonenverkehr wird eine leichte Abnahme (7 %) vorausgeschätzt. Dabei sind alle einbezogenen Teilaggregate, nämlich Fernverkehr, Nahverkehr, Schienenverkehr und Omnibusverkehr rückläufig. Auch für den nichtmotorisierten Verkehr (Wege zu Fuß, Fahrten mit dem Fahrrad) wird eine geringe Verminderung (um 4 %) erwartet.

Tabelle 4.2. Verkehrsleistungen im Personenverkehr 1997–2020 – Trendszenario

			Trend		Veränderungsrate 1997–2020	
		1997	2015 [a]	2020	gesamter Zeitraum	durchschnittlich jährlich
		in Mrd. Pkm			in %	
MIV		750	915	957	27,7	1,1
Eisenbahn		74	87	90	22,0	0,9
davon	Nahverkehr	39	39	39	–0,9	0,0
	Fernverkehr	35	48	52	47,8	1,7
ÖSPV		83	78	77	–6,8	–0,3
davon	Nahverkehr	56	53	52	–8,1	–0,4
	Fernverkehr	27	26	25	–3,8	–0,2
davon	Schienenverkehr	14	14	14	–3,5	–0,2
	Omnibusverkehr	68	64	63	–7,4	–0,3
Luftverkehr						
Territorialprinzip		36	80	95	163,3	4,3
Standortprinzip		119	310	385	223,9	5,2
Nicht motorisierter Verkehr		54	52	52	–3,9	–0,2
Verkehr insgesamt [b]		997	1.212	1.272	27,6	1,1

[a] BVWP-Szenario.
[b] Für den Luftverkehr wurden die nach dem Territorialprinzip ermittelten Werte zu Grunde gelegt.
Quellen: BVU, ifo, ITP, PLANCO, Prognos, Berechnungen des DIW Berlin.

Das Verkehrsaufkommen – gemessen in beförderten Personen – nimmt insgesamt im Betrachtungszeitraum um 10 % zu. Das Wachstum liegt damit deutlich unter dem der Verkehrsleistungen. Ursächlich hierfür ist die überproportionale Steigerung des Fernverkehrs und eine generelle Zunahme der Reiseweiten.

4.1.2.2 Fahrleistungen im Straßenverkehr

Als Grundlage für die Berechnung von Energieverbrauch und CO_2-Emissionen im Straßenverkehr dienen die Fahrleistungen der eingesetzten Fahrzeuge. Diese ergeben sich rechnerisch aus den Personenkilometern im motorisierten Individualverkehr durch Division mit der Größe „durchschnittlicher Besetzungsgrad je Fahrzeugkilometer".

Tabelle 4.3. Fahrleistungen im Straßenverkehr 1997–2020 – Trendszenario

	1997	Trend 2015[a]	2020	Veränderungsrate 1997–2020 gesamter Zeitraum	durchschnittlich jährlich
	in Mrd. km			in %	
MIV insgesamt	539,2	654,8	685,1	27,1	1,0
Personenkraftwagen	524,8	633,3	660,7	25,9	1,0
davon Otto	430,4	–	488,9	13,6	0,6
Diesel	94,4	–	158,6	67,9	2,3
Andere	–	–	13,2	–	–
Zweiräder	14,4	21,5	24,5	69,8	2,3
davon Krafträder	10,6	18,8	22,0	107,5	3,2
Mopeds	3,8	2,7	2,5	–35,4	–1,9
Omnibusse	3,7	3,6	3,6	–3,4	–0,2
Insgesamt	542,9	658,4	675,5	24,4	1,0

[a] BVWP-Szenario.

Quellen: BVU, ifo, ITP, PLANCO, Prognos, Berechnungen des DIW Berlin.

Für den gesamten MIV ergibt sich in der BVWP-Prognose eine geringfügige Steigerung der mittleren Fahrzeugbesetzung auf knapp 1,4. Die Fahrleistungen von Personenkraftwagen und motorisierten Zweirädern nehmen von 1997 bis 2020 mit 27 % etwa in derselben Größenordnung zu wie die Personenkilometer.

Bei den Omnibussen ergibt sich ein Rückgang der Fahrleistungen um 3 %. Dieser fällt damit etwas geringer aus als die Abnahme der Verkehrsleistungen, da im Mittel von einer leichten Verminderung der Fahrzeugbesetzung ausgegangen wird.

4.2 Güterverkehr

4.2.1 Ausgangssituation und methodische Vorbemerkungen

Die Trendprognose des Güterverkehrs bis zum Jahr 2020 ist in diesem Forschungsvorhaben kein eigenständiges Ziel. Sie ist jedoch erforderlich als Ausgangspunkt für die Wirkungsschätzungen der zu untersuchenden Maßnahmen und liefert Vergleichsgrößen zum Nachhaltigkeitsszenario. Die Vorausschätzung baut auf den Ergebnissen der 2000 für die Bundesverkehrswegeplanung fertiggestellten Langfristprognosen für den Güterverkehr auf.

Im Rahmen dieser BVWP-Prognosen[1] sind für den Güterverkehr vier Szenarien erarbeitet worden:

- Im „Laisser-Faire-Szenario" wird die Verkehrsentwicklung, abhängig von den ökonomischen und demographischen Leitdaten, unter der Annahme prognostiziert, dass die heutige Verkehrspolitik auf allen beteiligten Ebenen im wesentlichen beibehalten wird. Im Güterverkehr gilt weiterhin die heutige Eurovignettenlösung. Es wird generell von tradierten Verhaltensmustern bei Verkehrsträgern und Verladern ausgegangen.
- Im „Trendszenario" wird demgegenüber auf Autobahnen für Lkw > 12 t eine fahrleistungsbezogene Straßenbenutzungsgebühr von 7,7 Cent/ Fzkm eingeführt (Wegfall der Eurovignette), die zwar nicht der Höhe nach, politisch grundsätzlich jedoch beschlossen ist.[2]
- Im sogenannten „Integrationsszenario" wird diese Straßenbenutzungsgebühr unter sonst gleichen Voraussetzungen (Lkw > 12 t, BAB) auf 20,5 Cent/Fzkm angehoben. Darüber hinaus wird eine Kurskorrektur der

---

[1] Vgl. Prognos (2001).
[2] Vom Vermittlungsausschuss von Bundestag und Bundesrat wurde am 21.05.03 ein Kompromiss ausgehandelt und beschlossen, wonach auf BAB für Lkw > 12t zul. GG. ab 01.08.2003 durchschnittlich 12,4 Cent/km fällig gewesen wären. Nach Einführung von Harmonisierungsmaßnahmen sollte die Maut später auf 15 Cent/ km angehoben werden. Die Einführung der Lkw-Maut ist wegen technischer Probleme inzwischen mehrfach verschoben worden.

bisherigen Verkehrspolitik unterstellt, was dazu führt, dass die Verkehrsentwicklung eher dem verkehrspolitischen Zielkatalog der derzeitigen Bundesregierung entspricht.
- Des weiteren wurde ein Szenario definiert, das durch eine drastische Verteuerung des Straßen- und Luftverkehrs gekennzeichnet ist. Wegen der vermutlich mangelnden politischen und sozialen Akzeptanz und der erwarteten negativen Rückwirkungen auf Wirtschaft und Bevölkerung wird im weiteren Verlauf der BVWP-Untersuchung dieses Szenario nicht weiter behandelt und betrachtet; im Abschlussbericht der BVWP-Prognosen werden nur die wichtigsten Ergebnisse dokumentiert.

Tabelle 4.4. Güterfernverkehrsleistungen (tkm) und Modal Split in den BVWP-Szenarien bis 2015

	Bahn	Straßenfernverkehr	Binnenschifffahrt	Insgesamt
	Mrd. tkm			
1997	73	236	62	371
Laissez-Faire	87	430	88	605
Trendszenario	92	425	89	606
Integrationsszenario	115	401	90	606
Überforderungsszenario [a]	169	353	86	608
	Anteile in %			
1997	19,6	63,6	16,8	100,0
Laissez-Faire	14,4	71,0	14,6	100,0
Trendszenario	15,2	70,1	14,6	100,0
Integrationsszenario	19,0	66,2	14,8	100,0
Überforderungsszenario [a]	27,8	58,1	14,1	100,0

[a] Beim Überforderungsszenario handelt es sich um eine Grobabschätzung; es wurde ohne Kapazitätsabgleich bei der Bahn erstellt, also unabhängig von der Frage, ob die Bahn von ihren Kapazitäten her in der Lage ist, diese Verkehre auch abzufahren.

Quellen: BVU, ifo, ITP, PLANCO, Prognos.

Die unterschiedlichen verkehrs-, ordnungs- und preispolitischen Prämissen in den BVWP-Szenarien beeinflussen in erheblichem Umfang die Verkehrsteilung. Im „Laisser-Faire"-Szenario verliert vor allem die Bahn wie bisher weiter an Bedeutung, während sie im Integrationsszenario ihren heutigen Anteil nahezu stabilisieren kann. Die relativen Anteilsverluste der Binnenschifffahrt sind geringer als die der Bahn, in den Szenarien sind aufgrund ähnlicher Annahmen zu den Nutzerkosten die Verkehrsleistungen der Binnenschifffahrt nahezu identisch. Lediglich im Integrationsszenario (und im nicht weiter behandelten Überforderungsszenario) verliert der Straßengüterfernverkehr erheblich an Bedeutung. Gegenüber dem BVWP-Trendszenario werden im Integrationsszenario etwa 23 Mrd. tkm auf die Bahn und 1 Mrd. tkm auf die Binnenschifffahrt verlagert. Gegenüber dem Ausgangswert 1997 hätte die Bahn Leistungssteigerungen von etwa einem Drittel zu verzeichnen.

Tabelle 4.5. BVWP-Szenarien: Veränderung der Nutzerkosten im Güterverkehr 2015/1997 in %

	Trendszenario	Integrationsszenario
Eisenbahngüterverkehr	−7	−18
Lkw-Verkehr	−14	−4
Binnenschifffahrt	−25	−25

Quelle: BVU, ifo, ITP, PLANCO.

Die Szenarien spiegeln unterschiedliche verkehrspolitische Prioritätensetzungen wider.[3] Die Operationalisierung der Szenarioannahmen erfolgte über die Veränderung der Nutzerkosten: Die BVWP-Gutachter tendieren ebenso wie das BMVBW dazu, das Integrationsszenario den weiteren Schritten der BVWP-Überarbeitung zugrunde zu legen, da in ihm die ökonomischen, ökologischen und sozialen Anforderungen an die Verkehrspolitik am ehesten im Einklang zueinander stehen. Unseres Erachtens handelt es sich hierbei jedoch um eine reine Zielprojektion, die wünschbare Ziele[4]

- Gewährleistung dauerhaft umweltgerechter Mobilität
- Förderung nachhaltiger Raum- und Siedlungsstrukturen
- Verringerung der CO_2-Emissionen
- Stärkung des Wirtschaftsstandortes Deutschland zur Schaffung bzw. Sicherung von Arbeitsplätzen
- Schaffung fairer und vergleichbarer Wettbewerbsbedingungen für alle Verkehrsträger
- Verbesserung der Verkehrssicherheit
- Förderung der europäischen Integration

---

[3] Vgl. Prognos (2001), S 38 ff.
[4] ebenda, S 41ff.

formuliert, jedoch keine Aussagen darüber macht, wie ein solches Szenario Wirklichkeit werden kann. Das gilt insbesondere auch für die Förderung nachhaltiger Raum- und Siedlungsstrukturen. Selbst wenn die preislichen Annahmen des Integrationsszenarios – 20,5 Cent Straßenbenutzungsgebühr für Lkw > 12 t auf BAB – umgesetzt würden, wären für alle Verkehrsträger, auch für den Straßengüterverkehr, die Nutzerkosten im Integrationsszenario immer noch niedriger als heute. Die im Integrationsszenario ausgewiesenen Verkehrsverlagerungen von der Straße zur Schiene dürften selbst bei weitestgehender Realisierung aller unterstellten Maßnahmen – auch vor dem Hintergrund der bisherigen Entwicklungen auf den Güterverkehrsmärkten – unrealistisch sein. Die Gutachter haben sich im Rahmen des TAB-Projektes dafür entschieden, das Trendszenario der BVWP-Prognosen als Referenzfall für das Nachhaltigkeitsszenario zugrunde zu legen.

In diesem Szenario wird im Straßengüterverkehr für schwere Lkw auf BAB eine Straßenmaut von 7,7 Cent/Fzkm angenommen. Die in diesem Szenario für die Verkehrsleistungen der Bahn ausgewiesenen Werte (92,3 Mrd. tkm) beinhalten gegenüber dem heutigen Niveau schon beachtliche Steigerungsraten (27 %). Auch hier bedarf es seitens der Bahn und der Verkehrspolitik großer Anstrengungen, um diese Werte zu erreichen. Noch beachtlicher sind die unter Trendvoraussetzungen ermittelten Steigerungsraten für die Binnenschifffahrt (40 %).

Die Vorausschätzung bis 2020 baut auf den Ergebnissen der oben skizzierten Trendprognose der BVWP auf. Für die Entwicklung des Verkehrsaufkommens nach Gütergruppen und Hauptverkehrsbeziehungen 2015 bis 2020 wurden gesamtwirtschaftliche und sektorale (vgl. Tabelle 2.1. u. 2.2.) Leitdaten verwendet, die von Prognos und ifo im Rahmen anderer Langfristprognosen erstellt wurden. Abweichend von bei Güterverkehrsprognosen sonst üblichen Verfahren, das Verkehrsaufkommen regressionsanalytisch aus Prognosen für die Gesamtwirtschaft und ihrer Teilaggregate (sektoral differenzierte Produktionsmengen bzw. Wertschöpfungsgrößen) sowie über Verbrauchsmengen abzuleiten, kommen in der vorliegenden Studie zum großen Teil vereinfachte Schätzverfahren zur Anwendung: Elastizitätsbetrachtungen (relative Veränderung des Verkehrsaufkommens in Bezug auf die relative Veränderung des BIP - Fortschreibung der entsprechenden Beziehungsmuster in den BVWP Prognosen) sowie Trendextrapolationen. Die Verkehrsleistungen (tkm) werden über die Entwicklung der Versandweiten in einem nachgelagerten Arbeitsschritt bestimmt.

Im nächsten Prognoseschritt erfolgt die Aufteilung auf die Verkehrsarten (Modal Split), die wiederum in Anlehnung an das BVWP-Trendszenario durchgeführt wird. Die heute erkennbaren Veränderungen in den Verkehrsnetzen gemäß den bestehenden Ausbauplanungen für die Fernverkehrsträger[5], die ordnungs- und preispolitischen Rahmenbedingungen, wie sie in Abschnitt 2 konkretisiert sind, sowie eine Vielzahl weiterer qualitativer und quantitativer Gesichtspunkte werden zur Bestimmung der zukünftigen Verkehrsmarktanteile ebenfalls berücksichtigt.

Die Fahrleistungen des Straßengüterverkehrs stellen im Rahmen dieses Gutachtens wichtige Kenngrößen für die verkehrsbedingten Umweltbelastungen (Luftschadstoffe) dar. Die Ermittlung dieser Kennziffern knüpft sowohl an die in den BVWP-Prognosen ausgewiesenen Fahrleistungen als auch (für das Prognosejahr 2020) an die DIW-Fahrleistungsrechnung an.[6]

4.2.2 Verkehrsaufkommen und Verkehrsleistungen

Die *Verbrauchsgüter* haben die höchsten Wachstumsraten aller Güterbereiche aufzuweisen. Neben der erwarteten Produktionssteigerung wird sich auch hier wie bei den Investitionsgütern die bisher beobachtete Erhöhung der Transportintensität weiter fortsetzen: Aufgrund zunehmend disperser Produktionsstrukturen mit geringerer Fertigungstiefe steigen, auf die mengenmäßige Produktion bezogen, die Transportleistungen (Tonnenkilometer) überdurchschnittlich an. So wird das Aufkommen gegenüber 1997 um 119 % steigen, die Transportleistung erhöht sich um 138 %. Rund drei Zehntel des Transportaufkommens bzw. 36 % der Verkehrsleistungen entfallen künftig auf diesen Güterbereich.

Auch *Steine und Erden, Chemische Erzeugnisse, Düngemittel* und *Investitionsgüter* sind beachtliche aufkommens- und leistungsstarke Güterbereiche, deren Wachstumsraten weit überdurchschnittlich sind. Montangüter (*Kohle, Eisen, Stahl, NE-Metalle, Eisenerze*) weisen demgegenüber die geringsten Steigerungsratenraten auf und verlieren innerhalb des gesamten Güterverkehrsmarktes weiter an Bedeutung.

---

[5] BVU, ifo, ITP, PLANCO (2001), S 30ff.
[6] Rieke H (1972).

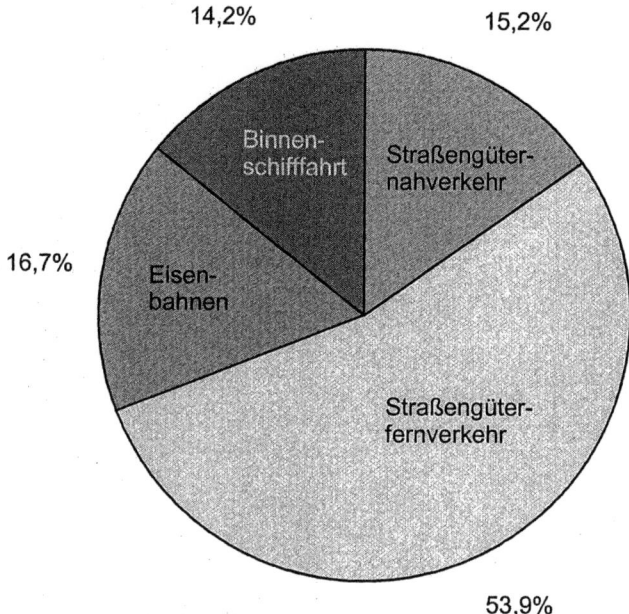

Quelle: Berechnungen des DIW Berlin.
Abb. 4.2. Güterverkehrsleistung in Deutschland im Jahre 1997 – Anteile der Verkehrsarten

Tabelle 4.6. Entwicklung des Güterfernverkehrs nach Güterbereichen 1997–2020 – Trendszenario

	1997	Trend 2015[a]	2020	Veränderungsrate 1997–2020 gesamter Zeitraum	durchschnittlich jährlich
	Verkehrsaufkommen in Mill. t			in %	
Landw. Erzeugnisse	45,0	59,4	61,6	36,9	1,4
Nahrungs–/Futtermittel	168,9	231,1	242,0	43,3	1,6
Kohle	94,1	84,3	82,0	−12,9	−0,6
Rohöl	1,3	0,9	0,8	−40,0	−2,2
Mineralölprodukte	115,2	130,1	133,2	15,6	0,6
Eisenerze	48,0	39,9	37,9	−21,0	−1,0
NE–Metallerze, Schrott	35,3	38,0	38,8	9,9	0,4
Eisen, Stahl, NE–Metalle	118,4	140,2	145,3	22,7	0,9
Steine und Erden	266,4	303,0	310,0	16,4	0,7
Chem. Erz., Düngemittel	135,4	200,8	215,1	58,8	2,0
Investitionsgüter	80,9	137,6	144,0	78,0	2,5
Verbrauchsgüter	287,8	585,9	630,0	118,9	3,5
Insgesamt	1 396,7	1 951,2	2 040,7	46,1	1,7

Tabelle 4.6. (Fortsetzung)

	Verkehrsleistungen in Mrd. tkm			in %	
Landw. Erzeugnisse	14,2	20,4	21,2	49,5	1,8
Nahrungs-/Futtermittel	46,6	72,0	76,4	64,0	2,2
Kohle	17,3	19,6	19,9	15,3	0,6
Rohöl	0,2	0,2	0,2	−5,9	−0,3
Mineralölprodukte	27,0	34,2	35,4	31,2	1,2
Eisenerze	7,7	8,4	8,4	9,5	0,4
NE–Metallerze, Schrott	7,1	8,6	8,9	25,2	1,0
Eisen, Stahl, NE–Metalle	33,7	45,3	47,7	41,4	1,5
Steine und Erden	53,8	69,4	72,1	33,9	1,3
Chem. Erz., Düngemittel	38,8	62,9	67,7	74,4	2,4
Investitionsgüter	27,9	51,9	54,6	95,6	3,0
Verbrauchsgüter	96,3	212,5	229,0	137,8	3,8
Insgesamt	370,6	605,4	641,5	73,1	2,4
	Durchschnittliche Transportweite in km			in %	
Landw. Erzeugnisse	316	343	345	9,2	0,4
Nahrungs-/Futtermittel	276	312	316	14,5	0,6
Kohle	184	233	243	32,3	1,2
Rohöl	154	222	241	56,8	2,0
Mineralölprodukte	234	263	266	13,5	0,6
Eisenerze	160	211	222	38,7	1,4
NE-Metallerze, Schrott	201	226	229	13,9	0,6
Eisen, Stahl, NE-Metalle	285	323	328	15,2	0,6
Steine und Erden	202	229	232	15,1	0,6
Chem. Erz., Düngemittel	287	313	315	9,8	0,4
Investitionsgüter	345	377	379	9,9	0,4
Verbrauchsgüter	335	363	363	8,6	0,4
Insgesamt	265	310	314	18,5	0,7

[a] BVWP-Szenario.

Quellen: BVU, ifo, ITP, PLANCO, Prognos, Berechnungen des DIW Berlin.

Die zunehmende Internationalisierung des Handels und die wachsende Globalisierung der Wirtschaft führen versand- wie empfangsseitig zu immer höheren durchschnittlichen Transportweiten. Bis 2020 nehmen diese um ein Fünftel zu. Die Verkehrsleistungen (tkm) wachsen demzufolge generell stärker als das Verkehrsaufkommen, und zwar um insgesamt 73 %. Das durchschnittliche jährliche Wachstum bis 2020 liegt mit 2,4 % deutlich über dem des BIP.

Die Wachstumsunterschiede bei den einzelnen Güterbereichen haben unmittelbaren Einfluss auf den Modal Split. Insgesamt sind zwei Effekte wirksam, die auch in der Vergangenheit schon einen maßgeblichen Einfluss hatten:

- Güterstruktureffekt
- Substitutionseffekt

Der *Güterstruktureffekt* bedeutet, dass sich die Gewichte der einzelnen Güterbereiche innerhalb des gesamten Verkehrsaufkommens im Zeitverlauf deutlich verschieben. Einige Gütergruppen sind aufgrund der verladerseitigen Anforderungen – wie hohes oder niedriges Transportaufkommen, hohe Kosten- und/oder Zeitsensibilität – eindeutig an bestimmte Verkehrsarten gebunden. So sind z. B. die Beziehungen zwischen dem Verkehrsaufkommen bei Mineralölerzeugnissen sowie Steine und Erden und der Binnenschifffahrt relativ stabil. Montangüter (Kohle, Eisen und Stahl) sind wiederum sehr bahnaffin, während Nahrungs- und Futtermittel sowie Fahrzeuge, Maschinen, sonstige Halb- und Fertigwaren ausgesprochen straßenaffin sind. Ein großer Teil der Aufkommens- und Leistungsverluste von Bahn und Binnenschifffahrt sowie der Transportgewinne des Lkw sind in der Vergangenheit auf diesen Güterstruktureffekt zurückzuführen. Wachstumsunterschiede in den einzelnen Produktions- bzw. Verbrauchsbereichen der Volkswirtschaft werden auch künftig limitierend auf die Entwicklung des Verkehrsaufkommens von Bahn und Binnenschifffahrt wirken. Demgegenüber wird der Lkw begünstigt.

Der *Substitutionseffekt* besagt, dass innerhalb eines Güterbereiches Verkehrsverlagerungen zwischen den Verkehrsarten stattfinden. Dieser Effekt dürfte im Projektionszeitraum eine noch größere Rolle spielen. Im Substitutionseffekt spiegeln sich die Wettbewerbsgewinne/-verluste der Verkehrsträger im Bemühen darum wider, die Verladerinteressen nach generell möglichst schnellen, kostengünstigen, sicheren, pünktlichen und zuverlässigen Transporten zu erfüllen (Stichwort: *Logistikeffekt*). Mit steigender Intensität wirken hier strukturelle Produktionsveränderungen der Wirtschaft auf die Transportmärkte ein.

Tabelle 4.7. Entwicklung des Güterverkehrs nach Verkehrsträgern und Hauptverkehrsbeziehungen 1997–2020 – Trendszenario

	1997	Trend 2015[a]	2020	Veränderungsrate 1997–2020 gesamter Zeitraum	durchschnittlich jährlich
	Verkehrsaufkommen in Mill. t			in %	
Eisenbahn	295	318	319	8,2	0,3
dar. Kombinierter Verkehr	34	66	69	105,7	3,2
Straßengüterfernverkehr	869	1.340	1.419	63,3	2,2
Binnenschifffahrt	234	293	303	29,7	1,1
Fernverkehr insgesamt	1.397	1.951	2.041	46,1	1,7
Straßengüternahverkehr	2.324	2.681	2.725	17,3	0,7
nachrichtlich: Straßengüterverkehr	3.193	4.021	4.144	29,8	1,1
Verkehr insgesamt	3.721	4.632	4.766	28,1	1,1
Binnenverkehr	874	1.052	1.070	22,4	0,9
Grenzüberschr. Versand	188	333	362	92,8	2,9
Grenzüberschr. Empfang	264	428	458	73,0	2,4
Transit	71	139	151	114,5	3,4
	Verkehrsleistungen in Mrd. tkm			in %	
Eisenbahn	73	92	95	30,1	1,2
dar. Kombinierter Verkehr	15	28	31	108,4	3,2
Straßengüterfernverkehr	236	425	454	92,7	2,9
Binnenschifffahrt	62	89	93	49,1	1,8
Fernverkehr insgesamt	371	605	642	73,1	2,4
Straßengüternahverkehr	67	84	85	28,4	1,1
nachrichtlich: Straßengüterverkehr	302	508	540	78,6	2,6
Verkehr insgesamt	437	689	727	66,3	2,2
Binnenverkehr	197	265	271	37,7	1,4
Grenzüberschr. Versand	55	109	121	118,9	3,5
Grenzüberschr. Empfang	73	138	148	101,5	3,1
Transit	45	94	102	125,8	3,6

[a] BVWP-Szenario.

Quellen: BVU, ifo, ITP, PLANCO, Prognos, Berechnungen des DIW Berlin.

Die Industrie ist zunehmend bestrebt, das „just-in-time-Prinzip" zu realisieren. Aus wirtschaftlichen Gründen wird die kapitalbindende Lagerhaltung abgebaut und auf die Verkehrswege verlagert („rollende Läger"). Die

4.2 Güterverkehr

betriebseigene Lagerhaltung wird zugunsten einer fertigungssynchronen An- und Ablieferung („zero stock") aufgegeben. Das erfordert eine Flexibilisierung der Transportleistungen, die unter den gegebenen Randbedingungen weitestgehend nur vom Lkw erbracht wird.

Insgesamt zeigen die Trendprognoseergebnisse eine Veränderung in der Aufkommensstruktur zugunsten von Gütern mit höherer Transportweite, mit höherem Anteil grenzüberschreitender Verkehre und geringerer Affinität zur Schiene. Daraus ergibt sich gegenüber 1997

- eine Steigerung des Verkehrsaufkommens im Straßengüterfernverkehr um fast zwei Drittel und eine Leistungssteigerung um 93 %;
- eine zwar deutlich niedrigere aber immer noch beachtliche Steigerung von 50 % bei den Verkehrsleistungen der Binnenschifffahrt sowie
- eine Zunahme der Leistungen bei der Bahn von 30 %.

Auffällig bei der Bahn sind bei insgesamt unterdurchschnittlichem Verkehrswachstum die enormen Steigerungsraten des kombinierten Verkehrs (KV); aufkommens- wie auch leistungsmäßig wird sich der KV verdoppeln und damit noch stärker wachsen als der Straßengüterfernverkehr.

Die Verdoppelung der Verkehrsleistungen im Straßengüterfernverkehr auf 454 Mrd. tkm zeigt die Herausforderungen an die Verkehrspolitik, aber auch die an die Verkehrsträger und die Verlader. Der Straßengüternahverkehr entwickelt sich demgegenüber wesentlich schwächer. Auf ihn entfallen 2020 zwar knapp zwei Drittel des gesamten Güterverkehrsaufkommens auf der Straße, wegen der durchschnittlichen Transportweite von nur 31 km - gegenüber einer im Straßengüterfernverkehr von 320 km - beträgt sein Anteil an den gesamten Verkehrsleistungen auf der Straße 16 %. Insgesamt steigen Transportaufkommen und Transportleistungen auf der Straße um 30 % bzw. 79 %. Damit entfallen 2020 etwa 87 % des gesamten binnenländischen Transportaufkommens auf den Straßenverkehr, bei den Verkehrsleistungen beträgt der entsprechende Anteil etwa drei Viertel.

4 Verkehrsentwicklung im Trendszenario

Tabelle 4.8. Anteile und Transportweiten im Güterverkehr nach Verkehrsträgern und Hauptverkehrsbeziehungen 1997 und 2020 – Trendszenario

	1997	Trend 2015[a]	2020	1997	Trend 2015[a]	2020	1997	Trend 2015[a]	2020
	Verkehrsaufkommen Anteile in %			Verkehrsleistung Anteile in %			⌀ Transportweite in km		
Eisenbahn	7,9	6,9	6,7	16,7	13,4	13,0	247	290	297
dar. Kombinierter Verkehr	0,9	1,4	1,5	3,4	4,1	4,2	439	430	445
Straßengüterfernverkehr	23,3	28,9	29,8	53,9	61,6	62,5	271	317	320
Binnenschifffahrt	6,3	6,3	6,4	14,2	12,9	12,8	266	302	306
Fernverkehr insgesamt	37,5	42,1	42,8	84,8	87,9	88,3	265	310	314
Straßengüternahverkehr	62,5	57,9	57,2	15,2	12,1	11,7	29	31	31
nachrichtlich: Straßengüterverkehr insg.	85,8	86,8	86,9	69,1	73,7	74,2	95	126	130
Verkehr insgesamt	100,0	100,0	100,0	100,0	100,0	100,0	117	149	153
Binnenverkehr	23,5	22,7	22,5	45,1	38,5	37,3	225	252	253
Grenzüberschr. Versand	5,0	7,2	7,6	12,6	15,8	16,6	294	328	333
Grenzüberschr. Empfang	7,1	9,2	9,6	16,8	20,0	20,3	278	322	323
Transit	1,9	3,0	3,2	10,3	13,6	14,0	639	674	672

[a] BVWP-Szenario.

Quellen: BVU, ifo, ITP, PLANCO, Prognos, Berechnungen des DIW Berlin.

4.2.3 Fahrleistungen im Straßengüterverkehr

Die enormen Steigerungsraten des Straßengüterfernverkehrs (93 % bei den Verkehrsleistungen) führen zu einem Anstieg der Fahrleistungen im Fernverkehr von mehr als zwei Dritteln. Somit liegt die Fahrleistungszunahme deutlich unter dem Anstieg der Verkehrsleistungen. Zwei Effekte dürften hierfür maßgeblich sein: Zum einen erhöht sich die Durchschnittsauslastung der im Straßengüterfernverkehr eingesetzten Fahrzeuge und es verringert sich der Leerfahrtenanteil, und zum anderen ist im Güterverkehr generell eine Tendenz zum Einsatz von größeren Fahrzeugen zu konstatieren. So verdoppeln sich beispielsweise die Fahrleistungen der überwiegend im Fernverkehr eingesetzten schweren Sattelzüge, während sie bei kleineren Lkw lediglich um knapp drei Zehntel zunehmen. Die BVWP-Gutachter rechnen im Fernverkehr mit einer Verbesserung der durchschnittlichen Beladung von etwa 10 %. Dieser Wert liegt außerordentlich hoch. Es ist zu berücksichtigen, dass es Grenzen für eine Erhöhung der Durchschnittsauslastung gibt. Der hohe Einsatz von Spezialfahrzeugen, die ungleiche regionale Verteilung des Verkehrsaufkommens mit der Folge stark unpaariger Verkehre sind hierfür wesentliche Gründe.

Tabelle 4.9. Entwicklung der Fahrleistungen des Straßengüterverkehrs 1997–2020 – Trendszenario

	Trend			Veränderungsrate 1997–2020	
	1997	2015[a]	2020	gesamter Zeitraum	durchschnittlich jährlich
	Verkehrsaufkommen in Mill. t			in %	
Straßengüterfernverkehr	869	1.340	1.419	63,3	2,2
Straßengüternahverkehr	2.324	2.681	2.725	17,3	0,7
Insgesamt	3.193	4.021	4.144	29,8	1,1
	Verkehrsleistungen in Mrd. tkm			in %	
Straßengüterfernverkehr	236	425	454	92,7	2,9
Straßengüternahverkehr	67	84	85	28,4	1,1
Insgesamt	302	508	540	78,6	2,6
	Fahrleistungen in Mrd. km			in %	
Lastkraftwagen	54,6	68,9	70,3	28,8	1,1
Sattelzugmaschinen	10,6	19,8	21,2	100,0	3,1
Güterverkehr	65,2	88,7	91,5	40,3	1,5
Fernverkehr	21,2	34,1	35,8	68,9	2,3
Übriger Güterverkehr	44,1	54,6	55,7	26,3	1,0

[a] BVWP-Szenario.
Quellen: BVU, ifo, ITP, PLANCO, Prognos, Berechnungen des DIW Berlin.

Hinzu kommt, dass die anstehende Integration der ost- und südosteuropäischen Länder in die EU und damit auch die weitere Öffnung des europäischen Verkehrsmarktes (Kabotage) einen erheblichen Wettbewerbsdruck auf die Lkw-Unternehmen und den gesamten Verkehrsmarkt ausüben wird. Kurzfristig dürfte sich die durchschnittliche Auslastung der Lkw sogar eher verschlechtern. Andererseits müssen Lkw-Unternehmer auch aus Wettbewerbsgründen verstärkt nach Möglichkeiten suchen, Rationalisierungspotentiale durch Verringerung der Leerfahrten oder Erhöhung des Beladungsgrades auszuschöpfen. Die zunehmende Verkehrsdichte auf dem Straßennetz dürfte dieses Bemühen verstärken. Es bleibt abschließend festzuhalten, dass unter den Rahmenbedingungen des Trendszenarios der BVWP die Annahmen für die Auslastungsentwicklung im Fernverkehr als sehr optimistisch einzuschätzen sind. Die prognostizierte Zunahme der Fahrleistungen dürfte daher eher als Untergrenze anzusehen sein. Entsprechend der Vorgehensweise, sich im Trendszenario an den Annahmen und Aussagen der BVWP-Prognosen zu orientieren, gilt diese Feststellung selbstverständlich auch für die hier vorgestellten Ergebnisse.

Die Fahrleistungen des übrigen Güterverkehrs (größtenteils Nahverkehr) wachsen in etwa gleichem Ausmaß wie die Verkehrsleistungen.

5 Verkehrsentwicklung im Nachhaltigkeitsszenario

5.1 Personenverkehr

5.1.1 Wirkungen verkehrspolitischer Maßnahmen auf die Verkehrsnachfrage

Bezugsgrundlage für die quantitative Wirkung verkehrspolitischer Maßnahmen des Nachhaltigkeitsszenarios sind die Ergebnisse zur Verkehrsnachfrage im Trendszenario. Zur Schätzung der Maßnahmewirkungen wird methodisch so vorgegangen, dass zunächst die Potenziale der einzelnen Maßnahmen ermittelt und anschließend ihre Gesamtwirkung im Rahmen des kompletten Bündels der im Nachhaltigkeitsszenario zu Grunde gelegten Maßnahmen unter Berücksichtigung der jeweiligen Interdependenzen bestimmt werden.

Unter den verschiedenen Maßnahmenbereichen haben diejenigen, die preispolitisch auf Verkehrsnachfrage und Kraftstoffverbrauch einwirken, sowie diejenigen, die direkt den Kraftstoffverbrauch beeinflussen, eine besondere quantitative Bedeutung. Ihre Wirkungsweise wird daher im Folgenden gesondert dargestellt.

5.1.1.1 Preispolitische Maßnahmen

Preispolitische Instrumente wirken in mehrfacher Hinsicht auf das Niveau und die Zusammensetzung der Verkehrsnachfrage:

- Sie induzieren Erhöhungen der Effizienz des Straßenverkehrs, z.B. durch eine verbesserte Organisation von Fahrtenketten sowie eine stärkere Auslastung der Fahrzeuge, und wirken damit dämpfend auf die Fahrleistungen. Erhöhungen des Kraftstoffpreises bewirken zudem verstärkte Anreize, energiesparsame Fahrzeuge einzusetzen.

- Bei einer Erhöhung der Fahrtkosten im motorisierten Individualverkehr relativ zu den Kosten der anderen Verkehrsarten sind bestimmte Verlagerungen zu den öffentlichen Verkehrsarten zu erwarten.
- In einem gewissen Umfang dürften sich auch Verkehrsvermeidungseffekte ergeben. Diese könnten im Personenverkehr z.B. darin bestehen, dass in Anbetracht der gestiegenen Kosten auf manche Fahrten verzichtet wird. Von größerer Bedeutung dürften allerdings eine Erhöhung der Fahrzeugauslastung durch Mitfahrten bei anderen Verkehrsteilnehmern sowie Veränderungen bei der Wahl von Fahrtzielen zu Gunsten von solchen mit kürzeren Entfernungen sein. Langfristig sind in einem gewissen Ausmaß auch Änderungen der Siedlungsstruktur mit verkehrssparenden Effekten zu erwarten.

Die Auswirkungen von preispolitischen Maßnahmen auf die Personenverkehrsleistungen werden in der Regel durch entsprechende Elastizitäten gekennzeichnet. Hierfür sind in der Studie keine eigenen Schätzungen erarbeitet worden. Vielmehr werden Ergebnisse aus vorliegenden Studien und früheren Arbeiten des DIW Berlin daraufhin untersucht, ob und in welcher Weise sie für die vorliegenden Fragestellungen verwendbar sind.

5.1.1.1.1 Erhöhung der Mineralölsteuer

Die Auswirkungen einer Erhöhung der Mineralölsteuer und damit verbunden des Kraftstoffpreises auf die Verkehrs- bzw. Kraftstoffnachfrage sind bereits in zahlreichen Studien mit Hilfe von Elastizitätsschätzungen untersucht worden.[1] Elastizitäten ergeben sich rechnerisch als Quotient der relativen Änderungen zweier Variablen. Damit kann der Einfluss von unabhängigen Variablen auf die Nachfrage an einem beobachteten Punkt der Nachfragefunktion quantifiziert werden. Ein solcher Wert lässt Rückschlüsse darauf zu, wie stark sich die künftige Nachfrage ändert, wenn sich erklärende Variablen ändern. Eine Bestimmung der gesamten Nachfragefunktion erscheint allerdings aufgrund der Komplexität und Interdependenz der relevanten Faktoren kaum als möglich oder als zu aufwendig. Die Komplexität der Bestimmungsgrößen im motorisierten Individualverkehr resultiert u.a. daraus, dass die jeweiligen Nachfragevolumina nach Automobilen, Fahrleistungen und Kraftstoff nicht unabhängig von einander sind, wie dies meist der Einfachheit halber unterstellt wird, sondern starke

---

[1] Einen Überblick über Elastizitätskonzepte und -schätzungen im Verkehrsbereich geben z.B. Oum T, Waters W und Young J (1992).

Wechselwirkungen aufweisen. Dies bedeutet z.B., dass die Kraftstoffnachfrage sich nicht isoliert in Abhängigkeit vom Kraftstoffpreis ergibt, sondern vom gesamten Kostengerüst des Mobilitätsangebotes beeinflusst wird.

Bei gegebenem Fahrtziel wird in der Folge der weiteren Entscheidungen das Verkehrsmittel bestimmt, mit dem die Mobilitätsbedürfnisse befriedigt werden sollen. Eine wichtige Bestimmungsgröße ist hier die Entscheidung über die Anschaffung eines oder mehrerer Pkw. Bei gegebener Automobilausstattung wird schließlich über die Nutzung der Fahrzeuge entschieden. Damit sind auch die Pkw-Fahrleistungen und die Nachfrage nach Kraftstoffen zum Teil determiniert. Man muss allerdings berücksichtigen, dass die Nachfrage nach Benzin und Diesel nicht nur von der Fahrleistung, sondern auch vom Besetzungsgrad, der Größe und der Kraftstoffeffizienz des Wagens sowie vom Fahrverhalten u.a.m. abhängt. Somit können bei der verkehrlichen und ökonomischen Bewertung des motorisierten Individualverkehrs vier interdependente Ebenen unterschieden werden: die Automobilnachfrage, die durchschnittliche Fahrleistung, die Energieeffizienz und – daraus abgeleitet – die Kraftstoffnachfrage für Pkw.

In der Regel werden allerdings nicht die gesamten Interdependenzen modelliert, sondern eine einzige Nachfragefunktion mit allen exogenen Variablen gebildet, die die Nachfrage nach Verkehr beeinflussen und die Kraftstoffnachfrage, die das letzte Glied der Kausalkette bildet, als abhängige Variable gewählt. Die überwiegende Mehrheit der Untersuchungen geht so vor, wobei die Auswahl der exogenen Variablen allerdings sehr differiert. Erklärende Variablen können hier Einkommen, Preis für Kraftstoff, Zahl der Automobile, oder Qualität des öffentlichen Verkehrs, Straßenqualität, Familiensituation, Wetter, Anschluss an das Verkehrsnetz u.v.a. sein.[2] In dieser Studie wird das Hauptaugenmerk auf die Variablen Einkommen und Preis für Kraftstoff gelegt.

Die Reaktion auf eine Änderung der Rahmenbedingungen hängt davon ab, welche Frist für Anpassungsreaktionen betrachtet wird. Kurzfristig wird bei gegebenem Autobestand über die Intensität der Nutzung bzw. den Modal Split entschieden. Mittelfristig kann ohne Veränderung des Wohnsitzes oder der Arbeitsstätte die Entscheidung, einen eigenen Pkw bzw. einen bestimmten Fahrzeugtyp zu halten, revidiert werden. Bei einer durchschnittlichen Lebensdauer von etwa 10 Jahren sind jedes Jahr 10 % der Autoflotte von solchen Erwägungen betroffen. Darüber hinaus gibt es An-

---

[2] Foos G und Gaudry M (1986), S 171.

reize, einen alten, ineffizienten Wagen eher zu verschrotten als ursprünglich geplant. Als langfristig wird eine Entscheidung über eine Änderung der Technologie der Fahrzeuge angesehen. Als Zeitraum werden hier bis zu 10 Jahre genannt. Somit sind etwa 10 Jahre zur endgültigen Bewertung einer Maßnahme notwendig, während Anstoßeffekte binnen weniger Tage beobachtet werden können.

Preiselastizitäten des Kraftstoffverbrauchs

In früheren Gutachten hat das DIW Berlin zahlreiche Studien mit Elastizitätsschätzungen für Nachfragekomponenten des motorisierten Individualverkehrs ausgewertet.[3] Dabei zeigte sich, dass die Untersuchungen über kurzfristige Preiselastizitäten der Mineralölnachfrage eine bemerkenswert geringe Varianz aufweisen.[4] Der Mittelwert der von Dahl und Sterner (1991), bei Blum et al. (1986) und bei Sterner (1990) zusammengefassten weit über 100 Berechnungen liegt knapp unter –0,3. Das ifo-Institut leitet in einer ebenfalls eher die kurzfristigen Effekte erfassenden Zeitreihenanalyse von Fahrleistungen und Kraftstoffpreis in Deutschland einen Elastizitätswert von etwa –0,15 ab.[5] Diese Größenordnung ist auch mit dem Schätzwert von Storchmann (–0,1) kompatibel[6], der die sich kurzfristig ergebenden Modal Split-Effekte analysiert. Die Kraftstoffnachfrage ist kurzfristig weitgehend preisunelastisch.

Die langfristige Preiselastizität ist höher und weist eine größere Varianz auf. Das Spektrum reicht von +0,3 bis –2[7], wobei der Mittelwert bei –0,8 liegt. Die positiven Werte weisen offensichtlich auf eine Missspezifikation des jeweiligen Modells hin, da sie kaum begründbar sind. Werte unter minus eins haben zur Folge, dass bei Preiserhöhungen die Kraftstoffausgaben zurückgehen, was auch unplausibel erscheint. Kirchgässner schätzt, dass die Hälfte der langfristigen Reaktionen bereits im ersten Jahr erfolgt, also bei jährlichen Schätzungen mit der kurzfristigen Elastizität erfasst wird. International betrachtet, weist Deutschland relativ geringe Elastizitätswerte auf.[8]

In einer Analyse der Motorisierung, der Fahrleistungen und des Kraftstoffverbrauchs in den Ländern der Europäischen Union 1994/95 leitet Storchmann in einer Querschnittsbetrachtung von Daten der einzelnen Län-

---

[3] Vgl. DIW Berlin (1996) sowie DIW Berlin/IVM (1994).
[4] Vgl. Dahl und Sterner (1991).
[5] Ifo (1995), S 151 f.
[6] Storchmann (2001), S 23.
[7] Dahl und Sterner (1991), S 207.
[8] Sterner (1990), S 94.

der Elastizitäten für die gesamte Entscheidungskette im motorisierten Individualverkehr ab.[9] Dabei wird u.a. der Einfluss des Einkommens, des Kraftstoffpreises sowie der jährlichen Fahrzeugabschreibungen auf die Motorisierungsdichte, die Fahrleistung je Pkw, den spezifischen Kraftstoffverbrauch sowie die Kraftstoffnachfrage je Einwohner untersucht. Auf dieser Grundlage ergibt sich eine Elastizität der Kraftstoffnachfrage in Bezug auf den Kraftstoffpreis von –0,55, wobei sich der Gesamteffekt nahezu hälftig aus einer Verminderung des spezifischen Verbrauchs sowie einer Reduktion der durchschnittlichen Fahrleistung zusammensetzt. Dieses Ergebnis korrespondiert in der Größenordnung mit den Resultaten anderer vorliegender Untersuchungen, so z.B. mit dem Wert von –0,3 für die Kraftstoffpreiselastizität der Fahrleistung im Rahmen von Langfristprognosen, der in einer „Maßnahmenstudie" der Prognos AG als plausibler Wert aus einer Reihe diesbezüglicher Studien und einer eigenen Schätzung abgeleitet wurde.[10] Auch in DIW Berlin (1996) wurde von diesem Wert ausgegangen.

Bei einer Interpretation von Elastizitäten muss man im Auge behalten, dass diese vom Untersuchungsgebiet, dem jeweiligen methodischen Ansatz und der Spezifikation des Modells abhängen können. Für eine Übertragung solcher Schätzungen ist daher auf Verträglichkeit der Rahmenbedingungen und auf Plausibilität der Ergebnisse zu achten.[11]

Die Ergebnisse von Storchmann (1997) haben gegenüber regional enger begrenzten Querschnittsuntersuchungen den Vorzug, dass sie an Hand von nationalen europäischen Daten geschätzt wurden und daher als repräsentativ für die Verhaltensweisen in der EU gelten können. Das Mobilitätsverhalten in den Ländern wird sich künftig vermutlich stärker angleichen. Zudem bildet das verwendete Modell die gesamte Entscheidungsfolge im motorisierten Individualverkehr ab. Die Ergebnisse erscheinen überwiegend mit anderen vorliegenden Schätzungen für Teilbereiche der Mobilitätskette verträglich und werden daher für die hier angestellten Wirkungsabschätzungen verwendet.

5.1.1.1.2 Pendlerpauschale

Ein Instrument, mit dem Pendlern ein Teil ihrer Pkw-Fahrtkosten steuerlich erstattet wird, ist mit dem Kilometer-Pauschalbetrag für Fahrten von Arbeitnehmern mit dem Pkw zwischen Wohnung und Arbeitsstätte seit

---

[9] Storchmann KH (1997), S 273.
[10] Prognos (1991), S 63 f.
[11] Vgl. zur Problematik von Elastizitätsbetrachtungen DIW Berlin (1996), S 36 f.

vielen Jahren im Einkommenssteuerrecht verankert. Danach können die entsprechenden Beträge[12] als Werbungskosten vom zu versteuernden Einkommen abgezogen werden. Dies bedeutet, dass die Höhe des erstatteten Betrages vom jeweiligen Grenzsteuersatz und damit von der Höhe des zu versteuernden Einkommens positiv abhängig ist. Eine solche Form der Kompensation fördert einerseits die Entwicklung zu längeren Fahrtweiten, sie entspricht andererseits aber auch nicht der Struktur der Einkommensbelastung, die insbesondere bei Pendlern mit niedrigem Einkommen höhere Anteile erreicht.[13] Sie begünstigt dagegen diejenigen Einkommensschichten überproportional, deren Einkommensbelastung durch Kraftstoffausgaben tendenziell unterdurchschnittlich ist. Darüber hinaus wird mit der einkommenssteuerlichen Regelung auch die Belastung von Ausbildungspendlern nicht erfasst. Die Pendlerpauschale trägt daher nicht zu einem sozialen Ausgleich der finanziellen Belastungen durch Fahrten im Berufs- und Ausbildungsverkehr bei, andererseits wird durch ihre räumliche Wirkung das ökologische Ziel der Verminderung des Energieverbrauchs konterkariert.

Im Zuge einer Reform des Steuerrechts unter Aspekten einer nachhaltigen Energieversorgung liegt es daher nahe, diese Form der Subventionierung von Fahrten im Berufsverkehr, die bereits seit 1955 im Steuerrecht verankert ist, zu überdenken.[14]

Der Pauschbetrag ist seit 1955 bei verschiedenen Anlässen verändert worden (vgl. Tabelle 5.1.). Die letzte Veränderung hat sich für das Jahr 2001 ergeben. Mit dem „Gesetz zur Einführung einer Entfernungspauschale"[15] ist die isolierte Förderung des Pkw-Verkehrs zu Gunsten einer für alle Verkehrsmittel geltenden Regelung abgelöst worden. Gleichzeitig wurde erstmals die Subventionierung von weiten Fahrten gegenüber solchen über kürzere Distanzen erhöht: Für Fahrten über mehr als 10 km kann nunmehr ein Pauschalsatz von 0,41 Euro je Kilometer geltend gemacht werden, gegenüber 0,36 Euro für Fahrten mit einer Länge bis zu 10 km.

---

[12] Pauschalbetrag je Kilometer multipliziert mit der einfachen Entfernung zwischen Wohn- und Arbeitsort.
[13] Voigt U (1999), S 451 ff.
[14] Vgl. auch Kloas J und Kuhfeld H (2003).
[15] Bundesgesetzblatt(2000), S 1918 f.

5.1 Personenverkehr

Tabelle 5.1. Kilometer-Pauschbetrag für Fahrten mit dem PKW zwischen Wohnung und Arbeitsstätte seit 1995

Zeitraum	Kilometer-Pauschbetrag in Euro je Entfernungskilometer
1.1.1955 bis 31.12.1966	0,26
1.1.1967 bis 31.12.1988	0,18 [a]
1.1.1989 bis 31.12.1989	0,22
1.1.1990 bis 31.12.1990	0,26
1.1.1991 bis 31.12.1991	0,30
1.1.1992 bis 31.12.1993	0,33
1.1.1994 bis 31.12.2000	0,36
seit 2001 [b]	0,36 bis 10 km 0,41 über 10 km

[a] Bis 1970 waren Fahrtaufwendungen nur bis zu einer Entfernung von 40 km zwischen Wohnung und Arbeitsstätte als Werbungskosten abziehbar. Die Entfernungsbegrenzung wurde zum 1.1.1971 aufgehoben.
[b] Regelung gilt für alle Verkehrsmittel.

Quellen: Hermann, Heuer, Raupach: Kommentar zum Einkommensteuer- und Körperschaftssteuergesetz, Köln; Bundesgesetzblatt, Teil I, Nr. 59/2000 vom 28.12.2000, S 1918 ff., Gesetz zur Einführung einer Entfernungspauschale.

Die steuermindernde Wirkung der Regelung lässt sich auf der Grundlage der Lohn- und Einkommensteuerstatistik des Statistischen Bundesamtes[16] und einiger zusätzlicher Annahmen, die in Abstimmung mit dem Bundesministerium der Finanzen gesetzt wurden, ermitteln (Tabelle 5.2.). Angesichts des Umfangs und des zeitlichen Ablaufs der Auswertung der steuerlichen Grundlagen wird die ausführliche Lohn- und Einkommensteuerstatistik nur alle drei Jahre erstellt. Das aktuellste Jahr, für das die Ergebnisse vorliegen, ist 1995. Die Steuerermäßigung durch Werbungskosten für Fahrten zwischen Wohnung und Arbeitsstätte betrug in diesem Jahr etwa 5,9 Mrd. Euro.

Eine Hochrechnung für das Jahr 1997 an Hand der generellen Lohn- und Einkommensteuerentwicklung ergibt einen Schätzwert von 6,3 Mrd. Euro. In diesem Umfang würden Arbeitnehmer durch einen Wegfall der einkommenssteuerlichen Anrechnung, wie sie im Nachhaltigkeitsszenario dieser Studie zu Grunde gelegt wird, belastet. Dabei handelt es sich nicht unmittelbar um eine spezifische Verteuerung bestimmter Güter im Zusammenhang mit dem Erwerb und der Nutzung von Pkw, wie sie etwa bei einer Kraft-

---

[16] Statistisches Bundesamt (1999).

stoffverteuerung vorliegt, sondern ceteris paribus um eine generelle Verminderung des Nettoeinkommens der betroffenen Haushalte. Methodisch ergibt sich daher die verkehrliche Wirkung bei dieser Maßnahme durch Berücksichtigung der entsprechenden Einkommenselastizitäten.

Tabelle 5.2. Werbungskosten für Pkw-Fahrten zwischen Wohnung und Arbeitsstätte in den Jahren 1992 und 1995

Jahr	Steuerbelastete Anzahl in Tausend	Bruttolohn in Mrd. Euro	Werbungskosten für Pkw-Fahrten in Mrd. Euro	Steuerersparnis in Mrd. Euro
	– alte Bundesländer –			
1992	19.563	613,9	15,9	4,8
	– Deutschland –			
1992	22.700	685,5	18,3	5,1
1995	21.374	733,0	19,5	5,9

Quellen: Statistisches Bundesamt, Bundesministerium der Finanzen, Berechnungen des DIW Berlin.

Angesichts des geringen Anteils der Steuerersparnis (6,3 Mrd. Euro) am Einkommen der Arbeitnehmer, der sich an Hand der Strukturen aus der Einkommens- und Verbrauchsstichprobe des Statischen Bundesamtes von 1998[17] auf 0,9 % schätzen lässt, bleibt bei dieser aggregierten Betrachtung aller Arbeitnehmer auch die verkehrliche Wirkung relativ schwach. Die Wirkung dürfte sich allerdings gerade bei jenen Haushalten einstellen, die über niedrige Einkommen verfügen und weite Weg zur Arbeitsstätte zurückzulegen haben. Hier sind die Belastungen überproportional hoch.[18]

5.1.1.1.3 Parkraumbewirtschaftung in Städten und Ballungsgebieten

Bei den Maßnahmen im Nachhaltigkeitsszenario ist als eine preispolitische Maßnahme auch eine verstärkte Parkraumbewirtschaftung in Städten und Ballungsgebieten zu Grunde gelegt worden. Dabei soll auf öffentlichen Parkplätzen in den Kernbereichen der Städte und Ballungsgebiete im Mittel eine Gebühr von 2,05 Euro je Stunde erhoben werden. Im Vergleich dazu ergibt sich nach einer Untersuchung des Büros für Stadt- und Ver-

---

[17] Statistisches Bundesamt (2001).
[18] Vgl. Voigt U (1999), S 480.

5.1 Personenverkehr

kehrsplanung (BSV) für das Ausgangsjahr 1997 eine durchschnittliche Parkgebühr auf öffentlichen Parkplätzen von 1,31 Euro.[19]

Zur Abschätzung der verkehrlichen Wirksamkeit ist es zunächst erforderlich, die Gesamtheit der von der Maßnahme betroffenen Fahrten sowie die entsprechenden Fahrleistungen zu bestimmen und anschließend die Reaktionen der betroffenen Verkehrsteilnehmer zu quantifizieren. Dabei wird an Berechnungen zur Parkraumbewirtschaftung angeknüpft, die in DIW Berlin (1996) und Prognos (1991) vorgenommen wurden.[20] In der Prognos-Studie wird für Westdeutschland die Zahl der Pkw-Fahrten, die mit einem Parkvorgang auf öffentlichen Parkplätzen in den Städten verbunden sind, auf 1,8 Mrd. Fahrten geschätzt. Rechnet man diese Größe proportional auf Gesamtdeutschland hoch, so ergeben sich 2,2 Mrd. Pkw-Fahrten. Legt man weiterhin die durchschnittliche Fahrtweite (ohne Urlaubsverkehr) zu Grunde und berücksichtigt die Mobilitätsentwicklung bis 1997, so beträgt die entsprechende Fahrleistung, die mit Parkvorgängen in Städten und Ballungsgebieten verbunden ist, etwa 31 Mrd. Kilometer.

Um die Bezugsgröße für die von der Parkraumverteuerung ausgelöste Wirkung zu bestimmen, muss zunächst die Entwicklung unter Trendbedingungen (ohne zusätzliche verkehrspolitische Maßnahmen) prognostiziert werden. Hierfür wird die Zunahme des Einkaufsverkehrs, als einem für den Innenstadtverkehr wichtigen Fahrtzweck, zu Grunde gelegt. Danach ergibt sich als Referenzgröße ein Volumen von 37,8 Mrd. Fahrleistungskilometern für das Trendszenario im Jahre 2020.

Die hier angenommene Kostenerhöhung für das Innenstadtparken beträgt 56 %. Dabei handelt es sich, wie bei der Kraftstoffverteuerung, um eine Erhöhung der fahrtspezifischen, variablen Kosten, die ebenso wie die Ausgaben für Kraftstoff „out of pocket"-Charakter haben. Es erscheint daher gerechtfertigt, als Näherungswert für die Fahrleistungsreaktion auch hier die entsprechende Preiselastizität anzuwenden. Damit ergibt sich eine Reduktionswirkung für den betroffenen Verkehr von 5,5 Mrd. Fahrleistungskilometern. Für diese Wirkung wird – analog zu Prognos (1991) – eine Zusammensetzung aus den Komponenten Verlagerung auf andere Verkehrsmittel, Bildung von Fahrgemeinschaften und veränderte Zielwahl zu je einem Drittel angenommen.

---

[19] BSV (2001), S 43. Der Wert für 1997 wurde durch Interpolation ermittelt.
[20] Prognos (1991), S 137 f., DIW Berlin (1996), S 64 f.

Für die Bestimmung der Fahrleistungsreduktion innerhalb des gesamten Szenarios ist weiterhin zu berücksichtigen, dass neben der Parkraumbewirtschaftung in den Städten auch die übrigen preispolitischen Maßnahmen wirksam sind. Die Reduktionswirkungen der einzelnen Maßnahmen sind dabei multiplikativ verknüpft.

5.1.1.2 Ordnungspolitische Maßnahmen

Als quantitative ordnungspolitische Maßnahme wird im Nachhaltigkeitsszenario 2020 ein Tempolimit im Straßenpersonenverkehr zu Grunde gelegt. Danach wird für Personenkraftwagen die Höchstgeschwindigkeit auf Bundesautobahnen mit 120 km/h angesetzt, auf anderen Überlandstraßen beträgt sie 80 km/h. Für Omnibusse wird die bestehende Regelung (Tempo 80/100 km/h auf Autobahnen je nach Art und Ausstattung der Fahrzeuge sowie Tempo 60/80 auf anderen Überlandstraßen) beibehalten. Um die Befolgung der Vorschriften zu verbessern, wird von einer effizienten Überwachung ausgegangen.

Die Wirksamkeit von Geschwindigkeitsbegrenzungen für den Individualverkehr wurde vom DIW Berlin in mehreren Studien untersucht.[21] Dabei wurde davon ausgegangen, dass angesichts der vergleichsweise geringen Absenkung der Durchschnittsgeschwindigkeiten die Fahrleistungen konstant bleiben. Dagegen lassen sich durch die Dämpfung der Höchstgeschwindigkeit und der daraus resultierenden Verstetigung der Fahrzeugbewegungen Verminderungen beim Kraftstoffverbrauch erzielen, die sich bei isolierter Betrachtung dieser Maßnahme auf rund 5 % belaufen. Im Kontext des gesamten Szenarios, in dem bereits die angenommene Kraftstoffpreiserhöhung zu einer stärker an der Kraftstoffeffizienz orientierten Fahrweise anregen dürfte, fällt der Effekt allerdings geringer aus.

Als weitere den Pkw-Verkehr betreffende Maßnahme wird eine obligatorische Schulung der Fahrzeugführer in energiesparender, umweltschonender Fahrweise in das Szenario aufgenommen. Hierdurch dürfte die oben angesprochene Verbrauchsreduzierung noch unterstützt werden.

---

[21] Hopf R et al. (1996) sowie Ziesing H-J et al. (1997).

5.1.1.3 Infrastrukturpolitik, Verkehrsangebotspolitik und Öffentlichkeitsarbeit

Ein wesentlicher Teil der Wirkungen des Szenarios wird durch preispolitische Lenkung erzielt. Der ausschließliche Einsatz preispolitischer Maßnahmen allerdings würde zu sozialen Unverträglichkeiten führen oder flankierende Maßnahmen zum Ausgleich derartiger Effekte erfordern. Die alleinige Belastung bzw. Behinderung von Personenkraftwagen, als den bedeutendsten CO_2-Emittenten, ohne die gleichzeitige nennenswerte Verbesserung alternativer Verkehrsangebote würde als schikanös empfunden werden und zugleich zu erheblichen Störungen im Wirtschaftsgefüge und im sozialen Leben führen.

Die Verkehrsteilnehmer, die von einer Verteuerung des motorisierten Individualverkehrs betroffen sind, müssen im öffentlichen Verkehrssystem und bei den Verkehrsbedingungen für Radfahrer und Fußgänger ein Angebot vorfinden, das eine Verlagerung von Fahrten als mögliche und akzeptable, wenn nicht sogar als attraktive Alternative ausweist.

Es ist daher in den Szenario-Maßnahmen unterstellt, dass das Angebot der öffentlichen Verkehrsarten sowie des nichtmotorisierten Verkehrs mit den Mitteln der Infrastrukturpolitik, einem verbesserten Angebots- und Nachfragemanagement sowie stärkerem Wettbewerb qualitativ und quantitativ ausgebaut wird. Damit soll einerseits die Aufnahmefähigkeit dieser Systeme für verlagerte Fahrten vom Pkw gewährleistet werden, andererseits soll auch ein eigener „pull"-Effekt vom öffentlichen und vom nichtmotorisierten Verkehr ausgehen. Insbesondere ist hier eine Verbesserung von Qualitätsparametern wie Erreichbarkeit, Reisezeiten und -Frequenzen, Zuverlässigkeit der Bedienung und Fahrkomfort angesprochen. Eine Quantifizierung dieser Parameter würde ein eigenes Netzmodell erfordern, das im Rahmen dieser Studie nicht erstellt werden konnte. Selbst auf einer solchen Grundlage wäre die vollständige Erfassung der Effekte und die Schätzung und Übertragung entsprechender Elastizitäten für einzelne Relationen oder Netzteile mit außerordentlich großen empirischen Unsicherheiten verbunden. Hier wird daher eine Schätzung auf der Ebene der gesamten Verkehrsleistungen vorgenommen und dabei in Analogie zur BVWP-Prognose[22] davon ausgegangen, dass die „nicht-preispolitischen" Maßnahmen zu etwa einem Viertel zu den Gesamtwirkungen beitragen.

---

[22] BVU, ifo, ITP, PLANCO (2001), S 328.

Für die Beeinflussung von Einstellungen und Verhaltensweisen durch Öffentlichkeitsarbeit und weitere Formen der „soft policies" werden keine speziellen Verlagerungswirkungen berechnet. Sie dienen als Grundvoraussetzung dafür, dass die verkehrspolitischen Maßnahmen in dieser Stringenz überhaupt akzeptiert werden. Auch alle übrigen, hier nicht explizit angesprochenen Maßnahmen führen, für sich genommen, nicht zu Verlagerungen, sondern verstärken die gewünschten Wirkungen im Hinblick auf Energieverbrauch und CO_2-Emissionen (z.B. Regelungen zur Fahrzeugtechnik, Siedlungsstrukturpolitik).

5.1.2 Verkehrsnachfrage im Nachhaltigkeitsszenario 2020

Um die gesamten verkehrlichen Wirkungen für das Szenario zu ermitteln, müssen die Effekte aller betrachteten Maßnahmen zusammengefasst werden. Dabei kann nicht von einer einfachen additiven Wirkung ausgegangen werden, da sich zum Teil zwischen einzelnen Maßnahmen Überschneidungen ergeben. So beeinflusst z.B. die Erhöhung der Mineralölsteuer die gesamte Fahrleistung im Nah- und im Fernverkehr, wohingegen die Parkraumbewirtschaftung der Innenstädte sich nur auf ein Teilsegment bezieht, bei dessen Wirkungsbestimmung zu berücksichtigen ist, dass sich durch die Mineralölsteuererhöhung auch in diesem Bereich bereits Verminderungs- und Verlagerungseffekte ergeben.

Bei der Ermittlung der Teilwirkungen wird eine Hierarchie der Maßnahmen zu Grunde gelegt, nach der zunächst die Effekte der generell wirkenden Maßnahme (Mineralölsteuererhöhung) berücksichtigt werden und danach diejenigen, die sich auf Teilsegmente beziehen. Die Gesamtwirkung setzt sich multiplikativ aus den zunächst isoliert geschätzten Wirkungen der einzelnen Maßnahmen zusammen.

In den Tabellen 5.3 bis 5.5 sind die Ergebnisse für die Berechnungen zu Verkehrsaufkommen, Verkehrsleistungen und Fahrleistungen ausgewiesen.

Hinsichtlich der Gesamtwirkungen auf die Fahrleistungen im motorisierten Individualverkehr zeigt sich, dass diese im Vergleich zur Trendentwicklung um 18 % geringer ausfallen. Dieser Effekt ist vor allem auf die Erhöhung der Mineralölsteuer zurückzuführen, die in allen Segmenten der Verkehrsnachfrage Verminderungen verursacht und damit das Niveau des Pkw-Verkehrs generell zurückführt. Die Reduktionswirkungen der Aufhebung der Pendlerpauschale sowie der Parkraumbewirtschaftung haben – bezogen auf die gesamten Fahrleistungen – ein geringeres Gewicht. Bezogen auf ihren begrenzten Einsatzbereich, den mit Parkvorgängen im öffentlichen Straßenraum verbundenen Stadtverkehr, hat die Verteuerung der Parkgebühren mit einer Verminderungswirkung bei den Fahrleistungen von 10 % allerdings eine deutlich spürbare Bedeutung.

Während gegenüber der Trendentwicklung eine deutliche Abnahme des motorisierten Individualverkehrs zu verzeichnen ist, so ergibt sich gegenüber dem Basisjahr 1997 noch ein – allerdings geringer – Zuwachs der Fahrleistungen, und zwar um 4 %. Trotz der zum Teil kräftigen Intensität der Maßnahmen gelingt es nicht, das Wachstum des Pkw-Verkehrs völlig zu stoppen bzw. eine Reduktion zu erreichen.

Im öffentlichen Straßenpersonenverkehr mit Omnibussen übertreffen die Fahrleistungen im Nachhaltigkeitsszenario die Trendentwicklung um rund ein Viertel. Diese Entwicklung wird durchweg von Verlagerungen des Pkw-Verkehrs verursacht. Während für die Omnibusse unter Trend-Bedingungen ein leichter Rückgang gegenüber der Ausgangssituation in 1997 erwartet wird, bewirken die Maßnahmen des Nachhaltigkeitsszenarios eine kräftige Zunahme gegenüber dem Basisjahr um 22 %.

Bei den Verkehrsleistungen (Personenkilometer) fällt der Rückgang des motorisierten Individualverkehrs mit 14% gegenüber dem Trendszenario geringer aus als bei den Fahrleistungen. Dies ist darauf zurückzuführen, dass ein Teil der Reaktionen auf die Verteuerungen im motorisierten Individualverkehr in einer besseren Auslastung der Pkw besteht. Die durchschnittliche Besetzung der Fahrzeuge erhöht sich um 5 %, so dass hier eine leichte Entkoppelung von Verkehrsleistungen und Fahrleistungen erreicht wird. Dabei zeigt sich ein gewisser Unterschied zum Trendszenario, in dem Fahrleistungs- und Verkehrsleistungsentwicklung weitgehend parallel verlaufen.

Die öffentlichen Verkehrsarten sowie der nichtmotorisierte Verkehr übernehmen die verlagerten Verkehrsleistungen vom Pkw. So steigen die Personenkilometer bei der Eisenbahn und dem öffentlichen Straßenpersonenverkehr jeweils um rund ein Drittel gegenüber der Trendentwicklung. Von dieser Zunahme profitieren alle Betriebsbereiche (Nah/Fern, Schiene/Bus) in der gleichen Größenordnung. Auf Grund der Verteuerungen des Parkens in den Innenstädten gewinnt der Nahverkehr allerdings geringfügig mehr an zusätzlichen Verkehrsleistungen.

5 Verkehrsentwicklung im Nachhaltigkeitsszenario

Gegenüber der Ausgangssituation 1997 sind die Entwicklungen bei Bahn und ÖSPV sehr unterschiedlich. Auf Grund der starken Zunahme, die in der BVWP-Prognose für den Fernverkehr der Bahn bereits im Trendszenario erwartet wird, fällt die Steigerung hier besonders kräftig aus. Für den Fernverkehr ergibt sich gegenüber 1997 nahezu eine Verdoppelung der Leistungen, für die Eisenbahn insgesamt eine Steigerung um etwa zwei Drittel.

Im öffentlichen Straßenpersonenverkehr ist für die Trendentwicklung ein Rückgang um 7 % gegenüber 1997 angenommen worden. Mit den Maßnahmen der nachhaltigen Verkehrspolitik ergibt sich ein Zuwachs der Verkehrsleistungen um rund ein Viertel, wobei der Fernverkehr etwas stärker zunimmt als der Nahverkehr.

Ein kräftiges Wachstum ergibt sich auch für den nichtmotorisierten Verkehr, dessen Leistungen gegenüber dem Trendszenario um rund ein Drittel zulegen. Bezogen auf 1997 wird für Radfahrten und Fußwege eine Zunahme um ein Viertel geschätzt.

Für den Luftverkehr sind Möglichkeiten einer ökologisch verträglicheren Gestaltung in einem kürzlich erarbeitetem Gutachten untersucht worden.[23] Dabei ergibt sich ein Rückgang der Verkehrsleistungen gegenüber der Trendentwicklung um rund 20 %. Wegen der anderen Aufgabenstellung in jener Studie wurden nur die Wirkungen für den Luftverkehr selbst, nicht aber die Auswirkungen von Verkehrsverlagerungen auf die anderen Verkehrsarten analysiert. Im Rahmen der hier erarbeiteten Studie wird die Verlagerung von Flügen zu Pkw und Bahn nur für den innerdeutschen Verkehr berücksichtigt. Verlagerungen im Verkehr mit dem europäischen Ausland, für den Bahn und Pkw als übernehmende Verkehrsarten noch in Frage kommen, konnten hier nicht untersucht werden. Die Untersuchungsmethoden und Ergebnisse des Gutachtens zum Luftverkehr werden ausführlich in Kapitel 6 dargestellt.

---

[23] TÜV Rheinland Sicherheit und Umweltschutz GmbH (TSU), Deutsches Institut für Wirtschaftsforschung (DIW Berlin), Wuppertal Institut (WI) und Forschungsstelle für Europäisches Umweltrecht an der Universität Bremen (2001).

Tabelle 5.3. Verkehrsaufkommen im Personenverkehr 1997–2020 – Trend- und Nachhaltigkeitsszenario

		Trend	Nachh.	Veränderungsraten 1997–2020		Nachh. 2020/ Trend 2020
				Trend	Nachhaltigkeit	
	1997	2020	2020	gesamter Zeitraum	Jahresdurchschnitt	
	Beförderte Personen in Mill.			in %		
MIV	49.960	61.394	50.939	22,9	2,0	0,1	−17,0
Eisenbahn	1.743	1.756	2.360	0,7	35,4	1,3	34,4
ÖSPV	8.000	7.300	9.755	−8,8	21,9	0,9	33,6
nicht motorisierter Verkehr	34.641	32.719	40.597	−5,5	17,2	0,7	24,1
Luft	121	300	234	147,9	93,4	2,9	−22,0
Insgesamt [a]	94.465	103.469	103.885	9,5	10,0	0,4	0,4

[a] Für den Luftverkehr werden die nach dem Territorialprinzip ermittelten Werte zu Grunde gelegt.

Quellen: BVU, ifo, ITP, PLANCO, Prognos, Berechnungen des DIW Berlin.

Die über alle Verkehrsarten zusammengefassten Verkehrsleistungen vermindern sich im Nachhaltigkeitsszenario gegenüber der Trendentwicklung um 6 %. Dies entspricht per Saldo etwa der Verkehrsvermeidungswirkung, die sich durch die preispolitischen Maßnahmen für den motorisierten Individualverkehr ergeben hat. Die Wirkung dürfte sich in einem gewissen Umfang durch Verzicht auf einige Fahrten, zum größten Teil aber durch eine Aktivitätsverlagerung auf näher liegende Fahrtziele ergeben. Gegenüber dem Jahr 1997 nehmen die gesamten Verkehrsleistungen um 20 % zu. Diese Steigerung liegt deutlich über der des Pkw-Verkehrs. Der größte Teil der Wachstumsreduktion im motorisierten Individualverkehr wird damit durch Steigerungen bei den anderen bodengebundenen Verkehrsarten ausgeglichen.

Die Ergebnisse zum Verkehrsaufkommen zeigen, dass die Zahl der Fahrten im Nachhaltigkeitsszenario gegenüber der Trendentwicklung etwa konstant bleibt. Die geringe rechnerische Zunahme von 0,4 % dürfte auf vermehrte Umsteigevorgänge zurückzuführen sein, die sich bei der Verlagerung von Pkw-Fahrten auf öffentliche Verkehrsmittel sowie auf Fußwege und Radfahrten ergeben.

Die Veränderungen bei den öffentlichen Verkehrsarten entsprechen etwa denen bei den Verkehrsleistungen. Im nichtmotorisierten Verkehr liegt die Zunahme bei den Wegen etwas unter der bei den Verkehrsleistungen. Hier ergibt sich durch die Verlagerung von Pkw-Fahrten generell eine gewisse Erhöhung bei den Distanzen sowie in Verbindung damit eine stärkere Zunahme der Fahrradfahrten, bei denen gegenüber Fußwegen deutlich höhere Entfernungen zurückgelegt werden.

Tabelle 5.4. Verkehrsleistungen im Personenverkehr 1997–2020 – Trend- und Nachhaltigkeitsszenario

	1997	Trend 2020	Nachh. 2020	Veränderungsraten 1997–2020 Trend gesamter Zeitraum	Nachhaltigkeit Jahresdurchschnitt	Nachh. 2020/ Trend 2020
	in Mrd. Pkm			in %		
MIV	750	957	824	27,7	9,9	0,4	−14,0
Eisenbahn	74	90	121	22,0	63,0	2,1	33,5
davon Nahverkehr	39	39	52	−0,9	33,2	1,3	34,5
Fernverkehr	35	52	69	47,8	96,3	3,0	32,8
ÖSPV	83	77	103	−6,8	24,6	1,0	33,6
davon Nahverkehr	56	52	69	−8,1	23,7	0,9	34,6
Fernverkehr	27	25	34	−3,8	26,4	1,0	31,5
davon Schienenverkehr	14	14	19	−3,5	29,2	1,1	33,9
Omnibusverkehr	68	63	84	−7,4	23,6	0,9	33,5
Luftverkehr							
Territorialprinzip	36	95	74	163,3	105,3	3,2	−22,0
Standortprinzip	119	385	310	223,9	160,5	4,3	−19,6
Nicht motorisierter Verkehr	54	52	70	−3,9	29,6	1,1	34,8
Verkehr insgesamt[a]	997	1272	1192	27,6	19,6	0,8	−6,3

[a] Für den Luftverkehr werden die nach dem Territorialprinzip ermittelten Werte der Zusammenfassung zu Grunde gelegt.

Quellen: BVU, ifo, ITP, PLANCO, Prognos, Berechnungen des DIW Berlin.

5.1 Personenverkehr 67

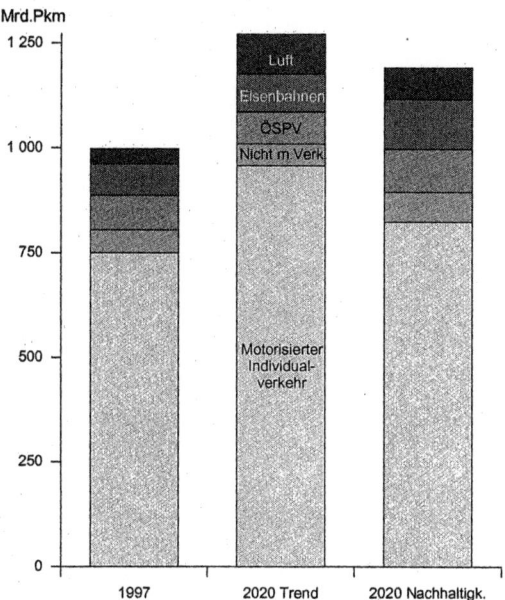

Quellen: BVU, ifo, ITP, PLANCO, Berechnungen des DIW Berlin.

Abb. 5.1. Personenverkehrsleistung in Deutschland im Jahre 1997 und in den Szenarien Trend und Nachhaltigkeit 2020

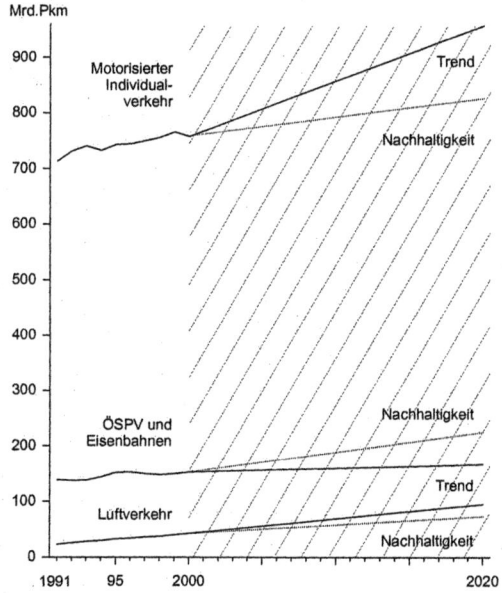

Quellen: BVU, ifo, ITP, PLANCO, Berechnungen des DIW Berlin.

Abb. 5.2. Personenverkehrsleistung

Tabelle 5.5. Fahrleistungen im Straßenpersonenverkehr 1997–2020 – Trend- und Nachhaltigkeitsszenario

	1997	Trend 2020	Nachh. 2020	Veränderungsraten 1997–2020			Nachh. 2020/ Trend 2020
				Trend gesamter Zeitraum	Nachhaltigkeit Jahresdurchschnitt		
	in Mrd. km			in %			
MIV insgesamt	539,2	685,1	562,6	27,1	4,3	0,2	−17,9
Pkw	524,8	660,7	542,3	25,9	3,3	0,1	−17,9
Zweiräder	14,4	24,5	20,3	69,8	41,0	1,5	−17,0
Omnibusse	3,7	3,6	4,5	−3,4	21,6	0,9	26,0

Quellen: BVU, ifo, ITP, PLANCO, Prognos, Berechnungen des DIW Berlin.

5.1.3 Verkehrsausgaben der privaten Haushalte

Die mit den Verkehrsleistungen verbundenen Ausgaben der privaten Haushalte werden von der amtlichen Statistik im System der volkswirtschaftlichen Gesamtrechnung erfasst. Hier werden in der Statistik des privaten Verbrauchs bereits seit Beginn der fünfziger Jahre die Käufe der privaten Haushalte generell nach einzelnen Verwendungsbereichen dargestellt. Dabei werden durchgängig auch die Bereiche Verkehr und Nachrichtenübermittlung ausgewiesen. Diese Kategorie besteht aus den Ausgaben für die Beschaffung von privat gehaltenen Personenkraftwagen, den Kosten für Unterhalt und Betrieb der Pkw sowie den Ausgaben für die Benutzung öffentlicher Verkehrsmittel[24]. Bei Personen, die den eigenen Pkw sowohl beruflich als auch privat nutzen (selbständige Gewerbetreibende, Freiberufler etc.) werden die entsprechenden Ausgaben vom Statistischen Bundesamt anteilig der Produktionsstatistik und dem privaten Verbrauch zugerechnet. Der Anteil der Haushalte an den gesamten Verkehrsausgaben belief sich nach einer Untersuchung des DIW Berlin im Jahre 1994 auf knapp 80 %.[25]

Die langfristige Betrachtung (Tabelle 5.6.) zeigt, dass die Verkehrsausgaben im Zeitablauf einen ständig zunehmenden Stellenwert im Budget der privaten Haushalte erlangten. Sie wiesen unter den gesamten Konsumausgaben eine besonders hohe Dynamik auf. Zwischen 1950 und 1990 nahmen sie um 6,7 % im Jahresdurchschnitt zu und stiegen damit wesentlich schneller als die Käufe der privaten Haushalte insgesamt (4,8 % p.a.).

---

[24] Eingeschlossen sind auch von den privaten Haushalten in Anspruch genommene Leistungen des Güterverkehrs.
[25] DIW Berlin (1996).

Tabelle 5.6. Ausgaben der privaten Haushalte in den alten Bundesländern nach Verwendungszwecken [a]

	Insgesamt	Nahrungsmittel, Getränke, Tabakwaren	Bekleidung, Schuhe	Wohnungsvermietung	Energie (ohne Kraftstoffe)	Haushaltsführung	Gesundheits- und Körperpflege	Verkehr	Nachrichtenübermittlung	Bildung, Unterhaltung, Freizeit	Persönliche Ausstattung
					– in Mrd. Euro –						
1950	32,0	13,9	4,6	2,3	0,8	3,4	1,4	2,0	0,1	2,4	1,2
1960	87,1	32,4	10,1	8,6	2,6	10,0	4,2	7,4	0,5	7,4	3,8
1970	184,6	55,4	19,0	23,0	7,2	18,7	8,5	23,6	2,4	18,9	8,1
1980	411,0	102,3	38,8	57,2	23,1	41,3	19,2	53,0	8,0	43,3	24,9
1985	512,7	119,2	43,6	82,7	32,7	44,7	26,4	68,2	10,8	51,1	33,3
1990	661,4	146,0	54,7	108,9	26,2	61,9	34,9	99,4	14,2	68,7	46,6
					– Anteil in % –						
1950	100,0	43,5	14,3	7,2	2,4	10,6	4,3	6,4	0,3	7,4	3,6
1960	100,0	37,2	11,6	9,9	3,0	11,5	4,9	8,5	0,5	8,5	4,4
1970	100,0	30,0	10,3	12,4	3,9	10,1	4,6	12,8	1,3	10,2	4,4
1980	100,0	24,9	9,4	13,9	5,6	10,1	4,7	12,9	1,9	10,5	6,1
1985	100,0	23,3	8,5	16,1	6,4	8,7	5,1	13,3	2,1	10,0	6,5
1990	100,0	22,1	8,3	16,5	4,0	9,4	5,3	15,0	2,1	10,4	7,0

[a] In jeweiligen Preisen.
Quellen: Statistisches Bundesamt, Berechnungen des DIW Berlin.

Die Verkehrsausgaben hatten damit das zweitstärkste Wachstum aller Verwendungsbereiche. Ihre Zunahme wurde nur noch von den Ausgaben für Nachrichtenübermittlung übertroffen.

Die relative Bedeutung der Ausgaben für Mobilität vergrößerte sich im Laufe dieser Entwicklung deutlich. Während im Jahre 1950 lediglich 6,4 % der Konsumausgaben in den alten Ländern auf die Benutzung von Verkehrsmitteln entfielen, stieg der Anteil bis 1990 auf 15 %. Nach den Ausgaben für Nahrungs- und Genussmittel sowie denjenigen für Wohnungsmiete bildeten die Verkehrsausgaben damit die drittgrößte Verwendungskategorie. Der bedeutendste Teil dieser Expansion vollzog sich bereits bis zum Jahr 1970, in dem der Verkehrsanteil schon knapp 13 % erreichte. Die Entwicklung zeigt, dass die Ausgaben für Mobilität mit steigendem Einkommen und größeren Spielräumen beim privaten Konsum zu einem wesentlichen Faktor bei der Ausgabengestaltung der Haushalte geworden sind, wohingegen Ausgaben für Grundbedürfnisse, wie die Versorgung mit Nahrungs- und Genussmitteln sowie Bekleidung stark an Bedeutung verloren haben.

5 Verkehrsentwicklung im Nachhaltigkeitsszenario

Die Aufteilung der Verkehrsausgaben auf öffentliche und private Verkehrsmittel ist seit 1970 statistisch nachweisbar (Tabelle 5.8.). Danach entfällt nur ein relativ geringer Teil auf die Benutzung öffentlicher Verkehrsmittel und auf sonstige Verkehrsdienstleistungen. Ihr Anteil ist in den alten Bundesländern zwischen 1970 und 1990 von 18 % auf 12 % zurückgegangen.

Die starke Expansion der Verkehrsausgaben wurde dagegen vor allem durch die private Motorisierung verursacht, für die immer mehr Haushalte einen erheblichen Teil ihres Einkommens verwendeten. So sind die Ausgaben für Anschaffung und Nutzung von Kraftfahrzeugen von 1970 bis 1990 in den alten Bundesländern im Jahresdurchschnitt um 7,8 % gestiegen. Die Zunahme übertraf damit die der Haushaltsausgaben insgesamt (6,6 % p.a.). Ihr Anteil am Konsum der Haushalte stieg auf etwa 13 %. Während 1970 in Westdeutschland knapp die Hälfte aller Haushalte über ein eigenes Fahrzeug verfügte, waren es 1990 etwa 70 %.

Nach 1990 stellten sich diese Strukturen relativ schnell auch im vereinigten Deutschland ein (Tabellen 5.7. und 5.8.). Die Ergebnisse der aktuellsten Einkommens- und Verbrauchsstichprobe (aus dem Jahre 1998) zeigen, dass im Erhebungsjahr gut drei Viertel aller Haushalte über wenigstens ein eigenes Fahrzeug verfügten. Zudem nimmt auch die Zweit- und Drittwagenmotorisierung zu. Knapp ein Fünftel aller Haushalte besaß 1998 mehr als ein Fahrzeug.

Auch bei den Haushalten in Ostdeutschland lässt sich ein Trend zur weitgehenden Vollmotorisierung feststellen. Nachdem in den ersten Jahren nach der Wiedervereinigung die Haushaltsausgaben für die Beschaffung von Personenkraftwagen einen Anteil an den Gesamtausgaben von etwa 17 % aufwiesen – und damit die westdeutschen Vergleichswerte um fast das Dreifache übertrafen – waren bereits 1993 zwei Drittel aller Haushalte in den neuen Bundesländern mit mindestens einem eigenen Fahrzeug ausgestattet. Im Jahre 1998 betrug der Motorisierungsgrad 71 % und lag damit nur noch um 5 Prozentpunkte unter dem Wert in Westdeutschland. Bei der Zweit- und Drittwagenausstattung war das westdeutsche Ausstattungsniveau (19 %) schon knapp erreicht.

Tabelle 5.7. Ausgaben der privaten Haushalte in Deutschland nach Verwendungszwecken [a]

	Insgesamt	Nahrungsmittel, Getränke, Tabakwaren	Bekleidung und Schuhe	Wohnung, Gas u.a.	Strom, Gas u.a.	Einrichtungsgegenstände, Brennstoffe Geräte für den Haushalt	Verkehr	Nachrichtenübermittlung	Freizeit, Unterhaltung, Kultur	Beherbergungs- und Gaststättendienstleistungen	Übrige Verwendungszwecke
						– in Mrd. Euro –					
1991	820,7	149,8	64,5	129,9	35,0	66,3	127,3	14,6	81,5	47,2	104,6
1992	876,2	154,1	68,0	145,5	35,4	70,9	135,1	16,7	86,4	50,0	114,2
1993	907,9	154,9	70,1	162,8	37,7	73,5	128,3	18,4	87,5	52,0	122,7
1994	936,5	155,7	68,8	176,0	37,1	74,5	134,1	18,6	89,0	53,4	129,2
1995	972,2	160,2	69,2	189,4	38,1	74,3	138,3	19,7	91,6	53,4	138,0
1996	997,4	161,4	69,3	200,7	40,7	74,5	144,8	20,4	93,1	52,6	140,1
1997	1023,5	164,2	69,5	209,7	40,7	74,9	148,0	22,5	95,7	52,8	145,5
1998	1051,2	168,2	69,6	216,5	38,9	77,1	153,8	24,0	99,0	53,2	151,0
1999	1084,7	170,4	70,7	223,6	38,5	78,1	163,2	24,3	103,7	54,9	157,4
2000	1114,5	174,0	71,6	231,4	41,9	80,2	161,8	26,2	107,9	55,8	163,7
						– Anteil in % –					
1991	100,0	18,2	7,9	15,8	4,3	8,1	15,5	1,8	9,9	5,8	12,7
1992	100,0	17,6	7,8	16,6	4,0	8,1	15,4	1,9	9,9	5,7	13,0
1993	100,0	17,1	7,7	17,9	4,1	8,1	14,1	2,0	9,6	5,7	13,5
1994	100,0	16,6	7,3	18,8	4,0	8,0	14,3	2,0	9,5	5,7	13,8
1995	100,0	16,5	7,1	19,5	3,9	7,6	14,2	2,0	9,4	5,5	14,2
1996	100,0	16,2	6,9	20,1	4,1	7,5	14,5	2,0	9,3	5,3	14,0
1997	100,0	16,0	6,8	20,5	4,0	7,3	14,5	2,2	9,4	5,2	14,2
1998	100,0	16,0	6,6	20,6	3,7	7,3	14,6	2,3	9,4	5,1	14,4
1999	100,0	15,7	6,5	20,6	3,6	7,2	15,0	2,2	9,6	5,1	14,5
2000	100,0	15,6	6,4	20,8	3,8	7,2	14,5	2,4	9,7	5,0	14,7

[a] In jeweiligen Preisen.
Quellen: Statistisches Bundesamt sowie Berechnungen des DIW Berlin.

Bei den Verkehrsausgaben der Haushalte lag nach den ersten Boomjahren der „nachgeholten" Motorisierung in Ostdeutschland der Anteil an den Gesamtausgaben in Deutschland bis zum Jahr 2000 unter leichten Schwankungen zwischen 14 % und 15 %. Davon wiederum entfiel der weitaus größte Teil auf die Haltung und Nutzung von Pkw (2000: 87 %). Mit insgesamt 140,8 Mrd. Euro gaben die privaten Haushalte im Jahr 2000 etwa ein Achtel ihres Budgets für das eigene Fahrzeug aus.

Tabelle 5.8. Ausgaben der privaten Haushalte für Verkehrsleistungen [a]

				Motorisierter Individualverkehr [c]				Nachrichtlich
	Verkehr insgesamt	Öffentl. Verkehr [b]	Insgesamt	Fahrzeuganschaffung	Kraftstoffe	dar. Mineralölsteuer	Übrige Kfz-Ausgaben	Kfz-Steuer [d]
				– Mrd. Euro –				
1970	23,6	4,3	19,3	7,2	4,2	2,5	7,9	1,0
1975	35,4	6,0	29,5	10,6	8,4	4,3	10,4	1,4
1980	53,0	7,9	45,1	16,1	14,7	5,6	14,4	1,8
1985	68,2	9,4	58,7	22,1	18,0	6,7	18,6	2,0
1990	99,4	12,3	87,2	38,6	19,6	9,6	28,9	2,2
1991	127,4	17,1	110,3	55,8	25,7	14,4	28,9	2,6
1995	138,3	19,1	119,2	54,0	29,7	19,1	35,5	3,7
1998	153,8	19,3	134,5	64,1	30,6	19,3	39,8	4,1
1999	163,2	20,3	142,8	67,6	33,0	20,2	42,1	3,7
2000	161,8	21,0	140,8	60,6	37,6	0,0	42,6	0,0
		– Anteil an den Verkehrsausgaben der privaten Haushalte in % –						
1970	100,0	18,2	81,8	30,4	17,8	10,5	33,6	
1975	100,0	16,8	83,2	30,0	23,7	12,2	29,4	
1980	100,0	14,9	85,1	30,3	27,8	10,5	27,1	
1985	100,0	13,8	86,2	32,5	26,5	9,8	27,2	
1990	100,0	12,3	87,7	38,8	19,8	9,7	29,1	
1991	100,0	13,4	86,6	43,8	20,1	11,3	22,7	
1995	100,0	13,8	86,2	39,1	21,5	13,8	25,7	
1998	100,0	12,5	87,5	41,7	19,9	12,5	25,9	
1999	100,0	12,5	87,5	41,5	20,2	12,4	25,8	
2000	100,0	13,0	87,0	37,5	23,2	0,0	26,3	

[a] In jeweiligen Preisen; bis einschließlich 1990 alte Bundesländer.
[b] Einschl. Güterverkehrsleistungen.
[c] Einschl. motorisierter Zweiräder.
[d] Die Kfz-Steuer wird in der Verwendungsrechnung des Inlandsprodukts nicht bei den Käufen der privaten Haushalte erfasst.
Quellen: Statistisches Bundesamt sowie Berechnungen des DIW Berlin.

Für die künftige Bedeutung der Verkehrsausgaben der Haushalte sowohl in der Trendentwicklung als auch im Zusammenhang mit den Maßnahmen des Nachhaltigkeitsszenarios werden im Folgenden einige Überlegungen und Schätzungen durchgeführt. Dabei ist zu berücksichtigen, dass insbesondere bei den Entwicklungen der von den Verbrauchern nachgefragten Fahrzeugtechnik (Größe, Verbrauch etc.) und der Marktpreise einer künftigen Pkw-Generation aus heutiger Sicht größere Unsicherheiten bestehen.

Tabelle 5.9. Verkehrsausgaben [a] der privaten Haushalte in Deutschland 1997 sowie in den Szenarien Trend und Nachhaltigkeit 2020

Ausgabenkategorien	1997	Szenario 2020 Trend	Nachhaltigkeit
	– in Mrd. Euro –		
Pkw insgesamt	128,7	158,5	164,0
Pkw-Anschaffung	59,5	77,5	78,6
Kraftstoffe	31,8	31,9	35,3
dar. Mineralölsteuer	18,9	18,5	23,5
Übrige Pkw-Ausgaben	37,5	48,8	49,4
Parkraumbewirtschaftung	x	0,4	0,7
Sonstige Verkehrsleistungen	19,2	20,5	27,4
Verkehrsausgaben insgesamt	148,0	179,0	191,4
Haushaltsausgaben insgesamt	1023,5	x	x
	– Index 1997 = 100 –		
Pkw insgesamt	100,0	123,1	127,4
Pkw-Anschaffung	100,0	130,3	132,1
Kraftstoffe	100,0	100,3	111,1
dar. Mineralölsteuer	100,0	97,7	124,5
Übrige Pkw-Ausgaben	100,0	130,1	131,9
Parkraumbewirtschaftung	x	x	x
Sonstige Verkehrsleistungen	100,0	106,3	142,4
Verkehrsausgaben insgesamt	100,0	120,9	129,3
	– Anteil an den Verkehrsausgaben in % –		
Pkw insgesamt	87,0	88,6	85,7
Pkw-Anschaffung	40,2	43,3	41,1
Kraftstoffe	21,5	17,8	18,4
dar. Mineralölsteuer	12,8	10,3	12,3
Übrige Pkw-Ausgaben	25,3	27,3	25,8
Parkraumbewirtschaftung	x	0,0	0,0
Sonstige Verkehrsleistungen	13,0	11,4	14,3
Verkehrsausgaben insgesamt	100,0	100,0	100,0
	– Anteil an den Haushaltsausgaben insgesamt in % –		
Pkw insgesamt	12,6	x	x
Pkw-Anschaffung	5,8	x	x
Kraftstoffe	3,1	x	x
dar. Mineralölsteuer	1,8	x	x
Übrige Pkw-Ausgaben	3,7	x	x
Parkraumbewirtschaftung	x	x	x
Sonstige Verkehrsleistungen	1,9	x	x
Verkehrsausgaben insgesamt	14,5	x	x
Haushaltsausgaben insgesamt	100,0	x	x

[a] zu Preisen von 1997.
Quellen: Statistisches Bundesamt, Berechnungen des DIW Berlin.

Basis der Berechnungen sind die Annahmen und zu Grunde gelegten Maßnahmen der Szenarien, die Ergebnisse der Verkehrsleistungs- und Fahrleistungsprognosen, die TREMOD-Ergebnisse zum Kraftstoffverbrauch (Kapitel 7) sowie zusätzliche Annahmen. Die Ergebnisse sind in Tabelle 5.9. ausgewiesen.

Das bei weitem größte Volumen entfällt auf die Ausgaben zur Fahrzeuganschaffung, die 1997 mit 59,3 Mrd. Euro knapp die Hälfte der gesamten Pkw-Ausgaben ausmachten. Für die künftige Entwicklung ist vor allem die weitere Motorisierung von Bedeutung. Hier wird aus der Pkw-Bestandsvorausschätzung für die Bundesverkehrswegeplanung ein Wert von 52 Mill. Fahrzeugen für das Trendszenario 2020 abgeleitet.

Mehrere Faktoren, mit zum Teil unterschiedlicher Wirkungsrichtung, sind für die Preisentwicklung der Fahrzeuge von Bedeutung:

- In der Verkehrsprognose wird eine deutliche Zunahme des Anteils von Fahrzeugen mit Dieselmotor sowohl für das Trend- als auch für das Nachhaltigkeitsszenario angenommen. Hieraus resultiert eine gewisse Verteuerung bei den Fahrzeugen. Eine Auswertung bei den größeren Fahrzeugherstellern ergab einen mittleren Preisaufschlag von Pkw mit Dieselantrieb gegenüber solchen mit Benzinmotor bei im übrigen vergleichbaren Fahrzeugen der jeweiligen Flotte von etwa 10 %.
- Schwieriger einzuschätzen sind die mit einer Optimierung des Kraftstoffverbrauchs in Richtung sehr niedriger Verbrauchswerte (drei Liter Auto) verbundenen Kostenwirkungen, die durch neue Motorkonzepte, Leichtbau, Verringerung des Luft- und Rollwiderstands, etc. entstehen. Hier gibt es bislang noch wenige Referenzfahrzeuge, bei denen zudem die Preisrelation zu konventionellen Vergleichsfahrzeugen wahrscheinlich noch nicht den sich langfristig – bei größeren Produktionsmengen – ergebenden Verhältnissen entspricht. Empirisch fundierte Schätzungen sind daher nur eingeschränkt möglich. Es werden hier Kostensteigerungen von 10 % (Trendszenario) bzw. 15 % (Nachhaltigkeitsszenario) zu Grunde gelegt. Hinsichtlich der Preisentwicklung der Fahrzeuge mit alternativen Antriebstechniken (z.B. Brennstoffzelle) liegen noch keine belastbaren Erkenntnisse vor.
- Bei den Kraftstoffverbrauchsrechnungen wird von einem gewissen „down-sizing" bei den Fahrzeuggrößen (kleinere und leistungsschwächere Fahrzeuge) ausgegangen. Die Effekte auf den Fahrzeugpreis wurden auf der Grundlage der Produktionsstatistik des Statistischen Bundesamtes bereits in DIW Berlin (1996) berechnet. Beispielsweise ergibt sich bei einer Ersetzung von jeweils 25 % der Fahrzeuge einer Hub-

raumklasse durch solche der nächst niedrigeren Kategorie eine Reduzierung der Fahrzeugpreise um 7 %.[26]

Berücksichtigt werden außerdem im Nachhaltigkeitsszenario die Wirkungen der Abschaffung der Pendlerpauschale und der Fahrzeugpreiserhöhungen auf den Fahrzeugbestand.

Unter diesen Annahmen ergibt sich für die Trendentwicklung als Nettowirkung eine Steigerung der Ausgaben zur Anschaffung von Pkw um 30 %, die vor allem durch die Zunahme der Motorisierung bedingt ist. Im Nachhaltigkeitsszenario nehmen die Ausgaben gegenüber dem Trend kaum noch zu. Die etwas höheren Fahrzeugkosten der verbrauchsoptimierten Fahrzeuge und ihr steigender Anteil werden durch ein stärkeres „downsizing" und eine – relativ geringe – Bestandsreduktion nahezu ausgeglichen.

Die Ausgaben für Kraftstoffe werden an Hand der Fahrleistungsvorausschätzung, der mittleren Verbrauchswerte sowie der zu Grunde gelegten Kraftstoffpreise ermittelt. Dabei ergibt sich im Trendszenario mit 31,9 Mrd. Euro ein nahezu identischer Wert wie im Ausgangsjahr 1997. Hier wird die Zunahme der Fahrleistungen und die Preisentwicklung durch den deutlichen Rückgang des durchschnittlichen Kraftstoffverbrauchs (um 37 %) kompensiert. Im Nachhaltigkeitsszenario steigen die Kraftstoffausgaben gegenüber der Trendentwicklung um 11 % auf 35,3 Mrd. Euro an. Der im Vergleich zum Trendszenario weiter zurückgehende spezifische Kraftstoffverbrauch sowie die Verminderung der Fahrleistungen werden von der kräftigen Erhöhung des Kraftstoffpreises übertroffen.

Die von den Haushalten zu zahlende Mineralölsteuer ergibt sich aus den in beiden Szenarien verwendeten Annahnmen zum Steuersatz (Tabelle 3.4.). Gegenüber 1997 vermindert sich das reale Steueraufkommen im Trendszenario leicht um 2,2 % auf 18,5 Mrd. Euro. Im Nachhaltigkeitsszenario nimmt es gegenüber dem Trend um 27 % zu.

Die „übrigen" Pkw-Ausgaben werden mit der Entwicklung der Pkw-Anschaffungskosten fortgeschrieben. Sie enthalten übrigens für 1997 auch die Gebühren, die im Rahmen der Parkraumbewirtschaftung anfallen. Für die beiden Szenarien werden nur die jeweils sich ergebenden zusätzlichen Beträge angesetzt.

---

[26] DIW Berlin (1996), S 100.

Die Haushaltsausgaben für „sonstige" Verkehrsleistungen bestehen überwiegend aus den Entgelten für die Benutzung öffentlicher Verkehrsmittel. Sie werden mit der Entwicklung der Verkehrsleistungen von Eisenbahn und öffentlichem Straßenpersonenverkehr fortgeschrieben. Während sich im Trendszenario gegenüber 1997 nur ein geringer Zuwachs (6 %) ergibt, nehmen die Ausgaben im Nachhaltigkeitsszenario gegenüber dem Trend kräftig um ein Drittel zu.

Die gesamten Ausgaben der Haushalte für Verkehrsleistungen steigen im Trend von 1997 bis 2020 um 21% auf 179 Mrd. Euro. Dies entspricht einer durchschnittlichen jährlichen Zunahme um 0,8 %, die damit weit unter der mittleren Wachstumsrate des Bruttoinlandsproduktes (knapp 2 %) liegt. Geht man davon aus, dass die jährliche Zunahme der Konsumausgaben der privaten Haushalte nicht außerordentlich gravierend unter der Rate des Bruttoinlandsproduktes liegt[27], so ergibt sich aus den Prognoseergebnissen eine unterdurchschnittliche Zunahme der Verkehrsausgaben innerhalb des gesamten Ausgabenbudgets der privaten Haushalte.

Im Nachhaltigkeitsszenario 2020 steigen die Verkehrsausgaben gegenüber der Trendentwicklung um 7 % auf 191,2 Mrd. Euro an. Bezogen auf das Ausgangsjahr 1997 ergibt sich eine durchschnittliche jährliche Wachstumsrate von 1,1 %. Auch mit dieser Steigerung dürfte die Zunahme der Verkehrsausgaben gemessen am gesamten Ausgabevolumen der privaten Haushalte noch unterdurchschnittlich verlaufen.

5.2 Güterverkehr

5.2.1 Verkehrspolitische Ausgangssituation in Deutschland und in der Europäischen Union

Die durchschnittliche jährliche Wachstumsrate der Verkehrsleistungen (tkm) bis 2020 liegt im Trendszenario mit 2,4 % deutlich über der des BIP (2,0 %). Die allmähliche Entkoppelung von Wirtschaftswachstum und Verkehrszunahme[28], die auch von der EU gefordert wird[29], um die aus dem

---

[27] Im Zeitraum von 1991 bis 2000 stieg das Bruttoinlandsprodukt zu Preisen von 1995 im Jahresdurchschnitt um 1,6 %, die Konsumausgaben der privaten Haushalte um 1,5 %.
[28] Im Industrie- und im Haushaltsbereich geht der End-Energieverbrauch zurück bzw. stagniert; hier hat gewissermaßen schon eine Entkoppelung stattgefunden.
[29] Vgl. Kommission der Europäischen Gemeinschaften (2001).

Verkehr resultierenden Folgeprobleme nicht ins Uferlose wachsen zu lassen, scheint damit in weite Ferne gerückt. Die für die Umwelt sich ergebenden Probleme verschärfen sich noch dadurch, dass unter den gegebenen politischen Rahmenbedingungen der Straßengüterverkehr deutlich stärker als die umweltverträglicheren Verkehrsträger Bahn und Binnenschifffahrt wächst. Der Straßengüterverkehr hat – verglichen mit der Bahn und der Binnenschifffahrt – hinsichtlich des spezifischen Energieverbrauchs (kJ/tkm) und der spezifischen Schadstoffemissionen (g CO_2/tkm) die ungünstigsten Werte (vgl. Kapitel 7).

Viele der heute existierenden Verkehrs- und Umweltprobleme sind eine unmittelbare Folge der EU-Politik, einen einheitlichen europäischen Binnenmarkt herzustellen. Die Verwirklichung des europäischen Binnenmarktes war hinsichtlich der Wirtschaftsdynamik in der EU mit großen Erwartungen verknüpft. Zur Realisierung dieses Wachstumsschubs wurde die Liberalisierung der nationalen Verkehrsmarktordnungen – sie stellten erhebliche Handelshemmnisse dar – von Mitte der 80er Jahre an schrittweise vorgenommen. Die zunehmende Liberalisierung der Verkehrsmärkte – freie Preisbildung und Aufhebung sämtlicher Kabotagevorbehalte im Straßengüterverkehr – hat seit Anfang der 90er Jahre zu einem starken Preisverfall für Transportleistungen und zu endlosen Lkw-Kolonnen geführt. Diese Entwicklung auf den Transportmärkten wiederum begünstigte und förderte ein enorm transportintensives Wirtschafts- und Produktionssystem („Just in Time" und „Zero Stock").

Im Weißbuch der EU[30] von 2001 wird versucht, mit einem Aktionsprogramm den Weg in Richtung auf mehr Nachhaltigkeit aufzuzeigen. Ausgehend von einer durchaus zutreffenden Beschreibung der künftigen Verkehrsentwicklung[31] werden Lösungsvorschläge für eine Entkoppelung von Wirtschaftswachstum und Verkehrszunahme bzw. für eine Drosselung des Verkehrsbedarfs gemacht. Mit einem Set aus 60 Maßnahmen soll ein Verkehrssystem, das unter wirtschaftlichen, sozialen und ökologischen Ge-

---

[30] Ebenda.
[31] Wenn bis 2010 in der EU-15 keine tiefgreifenden Maßnahmen zur rationelleren Nutzung der Vorteile jedes Verkehrsträgers ergriffen werden, wird alleine der Schwerlastverkehr um fast 50 % gegenüber 1998 zunehmen. Das bedeutet, dass die bereits jetzt stark überlasteten Regionen und großen Transitachsen noch stärker belastet werden. Das erwartete starke Wirtschaftswachstum in den Beitrittsländern und die bessere Anbindung der Randregionen werden zu einem Anstieg der Verkehrsströme besonders auf den Straßen führen. 1998 haben die Beitrittskandidaten bereits mehr als doppelt soviel ausgeführt und mehr als fünf mal soviel eingeführt wie im Jahr 1990.

sichtspunkten gleichermaßen nachhaltig ist, erreicht werden. Der Kommission ist klar, dass dieses ehrgeizige Ziel nur sehr langfristig (man rechnet mit einem Zeitraum von 30 Jahren) realisiert werden kann.

Die Strategie umfasst die Tarif- und Preispolitik, eine Revitalisierung von Bahn und Binnenschifffahrt sowie gezielte Investitionen in die transeuropäischen Netze. Viele der im Weißbuch aufgelisteten Maßnahmen dürften als flankierende Elemente einer nachhaltigen Verkehrspolitik unabdingbar sein, bei anderen wiederum dürfte in Bezug auf das Ziel „Entkoppelung von Wirtschaftswachstum und Verkehrszunahme" eher Skepsis angezeigt sein. Infrastrukturerweiterungen (TEN), sowie generelle Maßnahmen zur Erhöhung der durchschnittlichen Transportgeschwindigkeiten beispielsweise wirken eher verkehrserzeugend denn verkehrsdrosselnd.

Die wirksamste Strategie für mehr Nachhaltigkeit im Verkehr wäre die vollständige Internalisierung der externen bzw. sozialen Kosten des Verkehrs, eine Forderung, die auch im Weißbuch erhoben wird: „eine nachhaltige Verkehrspolitik sollte ... die vollständige Internalisierung der sozialen und der Umweltkosten fördern. Es sind Maßnahmen erforderlich, um den Anstieg des Verkehrsaufkommens deutlich vom BIP-Wachstum abzukoppeln, insbesondere durch eine Verlagerung von der Straße auf die Schiene, die Wasserwege und den öffentlichen Personenverkehr. Die Maßnahmen der Gemeinschaft müssen daher darauf abzielen, die derzeit dem Verkehrssystem auferlegten Steuern schrittweise durch Instrumente zu ersetzen, die die Infrastrukturkosten und die externen Kosten am wirksamsten internalisieren. Bei diesen Instrumenten handelt es sich zum einen um die Tarifierung der Infrastrukturnutzung, die besonders wirksam zur Regelung der Stauprobleme und Verringerung der anderen Umweltbelastungen beiträgt, und zum anderen um die Kraftstoffbesteuerung, die sich gut dazu eignet, die Kohlendioxidemissionen zu vermindern."[32]

Diesen Zielen ist vorbehaltlos zuzustimmen, ebenso wie der Erkenntnis der EU-Kommission, dass die gemeinsame Verkehrspolitik nicht alle Probleme alleine lösen kann: Sie bedarf unter anderem der Ergänzung

- um wirtschaftspolitische Maßnahmen, die auf Änderungen der Produktionsweise abzielen, um damit die Verkehrsnachfrage zu reduzieren;
- um raum- und insbesondere stadtentwicklungspolitische Maßnahmen zur Vermeidung unnötigen Mobilitätsbedarfs;

---

[32] Kommission der Europäischen Gemeinschaften (2001), S 85.

5.2 Güterverkehr

- um haushaltspolitische und fiskalische Maßnahmen, um die Internalisierung der externen Kosten, darunter vor allem der Umweltkosten, zu erreichen und
- um eine Wettbewerbspolitik, insbesondere im Bereich des Schienenverkehrs, die gewährleistet, dass die Marktöffnung nicht durch die bereits tätigen marktbeherrschenden Unternehmen gebremst wird.[33]

Das Weißbuch der EU-Kommission hat allerdings keinerlei Verbindlichkeits- oder Vollzugscharakter. Es ist eine Absichtserklärung und listet Probleme im Verkehrsbereich auf, die ihrerseits zu einem nicht unerheblichen Teil Folge der EU-Politik sind, nämlich im Innern der Gemeinschaft die völlige Dienstleistungsfreiheit zu erreichen, wobei die Liberalisierung der nationalen Verkehrsmarktordnungen (s.o.) eine Schlüsselrolle einnahm.[34]

Inwieweit die Kommission den politischen Durchsetzungswillen und die Durchsetzungskraft besitzt, um auch nur einen Teil des Aktionsprogramms gegen die nationalen Regierungen und den Europäischen Rat bzw. die Ministerräte umzusetzen, bleibt abzuwarten. Die Kommission richtet sich auf dem Weg zu einer nachhaltigen Verkehrsentwicklung auf eine Zeitspanne von etwa 30 Jahren ein. Selbst bei dieser Zeitspanne ist Skepsis angebracht. Schon 1992 forderte die EU-Kommission Maßnahmen, um den externen Kosten des Verkehrs besser Rechnung zu tragen. Außerdem wurde vorgeschlagen, schweren Nutzfahrzeugen die von ihnen verursachten Wegekosten anzulasten. Geprüft werden sollte auch eine Steuer auf CO_2-Emissionen und die Differenzierung der Fahrzeugbesteuerung nach dem Ausmaß der verursachten Umweltbelastung.[35] Umgesetzt wurde praktisch nichts.

Zu hinterfragen ist auch der Begriff der „nachhaltigen Verkehrsentwicklung". Im Weißbuch wird sehr häufig der Eindruck erweckt, dass es für eine auf Dauer tragbare Entwicklung in erster Linie darauf ankommt, ein ausgewogeneres Verhältnis zwischen den Verkehrsträgern herzustellen. Dies ist zweifellos ein wichtiger Baustein, jedoch bei weitem nicht ausreichend. Eine Entkoppelung von Wirtschaftswachstum und Verkehrszunahme bedeutet, darauf hinzuwirken, dass bei wachsendem BIP der Verkehr stagniert bzw.

---

[33] Kommission der Europäischen Gemeinschaften (2001), S 121 f.
[34] Das im Weißbuch vorgestellte Aktionsprogramm erinnert ein wenig an das geflügelte Wort: „die Geister, die ich rief, wie werde ich sie wieder los?"
[35] Kommission der Europäischen Gemeinschaften (1992), S 47.

zumindest weniger stark wächst als die Wirtschaftsleistung. Hier bleiben viele Fragen offen, die auch im Rahmen dieser Studie nicht ausreichend und erschöpfend beantwortet werden können.

Ungeachtet dieser Skepsis und kritischen Anmerkungen enthält das Weißbuch viele Elemente und Vorschläge, die für die Implementierung einer nachhaltigen Verkehrsentwicklung sehr wichtig sind. Einige davon sind auch Bestandteil der im Folgenden vorgestellten Nachhaltigkeitsstrategie im Güterverkehr. Wichtig und bedeutsam ist vor allem der Hinweis, dass die Kommission darauf hinarbeiten will, die geltenden Rechtsvorschriften für die Tarifierung im Straßenverkehr abzuändern. So beschränkt sich der geltende Gemeinschaftsrahmen für Lkw auf die Festlegung der Mindestgebühren für Fahrzeuge und der Höchstgrenzen für Autobahn-Benutzungsgebühren sowie auf Regeln für die Berechnung der Mautgebühren. Nach den europäischen Rechtsvorschriften dürfen die Mitgliedstaaten derzeit keine Straßenbenutzungsgebühren erheben, deren Höhe die Infrastrukturkosten übersteigt.[36] Entgegen einer weit verbreiteten Ansicht wäre eine Einpreisung der (externen) Kosten für die europäische Wettbewerbsfähigkeit nicht von Nachteil. Es ist nicht so sehr die Höhe der Abgabenlast insgesamt, die sich wesentlich ändern muss, sondern vor allem die Struktur dieser Belastung, damit die externen Kosten und die Infrastrukturkosten in die Verkehrspreise eingepreist werden.

In vielen Fällen wird es die Berücksichtigung der externen Kosten ermöglichen, eine Überdeckung der für die Infrastruktur anfallenden Kosten zu erreichen. Damit der größtmögliche Nutzen für den Verkehrssektor erzielt wird, ist es wichtig, die verfügbaren (Überschuss-) Erträge besonderen nationalen oder regionalen Fonds zuzuweisen, mit denen Maßnahmen zur Verringerung oder zum Ausgleich der externen Kosten („doppelte Dividende") finanziert werden. Vorrang wird der Erstellung von Infrastruktureinrichtungen gegeben werden, die die Intermodalität fördern und auf diese Weise eine umweltfreundlichere Alternative bieten. Der Einnahmenüberschuss reicht in bestimmten Fällen möglicherweise nicht aus, wenn beispielsweise aufgrund verkehrspolitischer Erwägungen große Infrastrukturvorhaben zu verwirklichen sind, die zur Förderung der Intermodalität notwendig sind, etwa Eisenbahntunnel. Hier will die Kommission Ausnahmen zulassen, bei denen der zum Ausgleich der externen Kosten erforderliche Betrag um eine weitere Komponente erhöht werden kann. Diese Komponente wäre durch die Finanzierung von Infrastrukturen gerechtfer-

---

[36] Richtlinie 1999/62/EG über die Erhebung von Gebühren für die Benutzung bestimmter Verkehrswege durch schwere Nutzfahrzeuge.

tigt, die eine umweltfreundlichere Alternative darstellen.[37] Diese Zugeständnisse sind ganz offensichtlich Nachwirkungen der Verhandlungen mit der Schweiz über die Höhe der LSVA (Leistungsabhängige Schwerverkehrsabgabe).

5.2.2 Methodik

5.2.2.1 Ansatzebenen und Handlungsoptionen

Erkenntnisziel des Nachhaltigkeitsszenarios soll es sein, Möglichkeiten zur Verringerung der unter „Status quo"-Bedingungen zu erwartenden CO_2-Belastungen aufzuzeigen. Unter marktwirtschaftlichen Rahmenbedingungen bieten sich folgende Ansatzebenen zum Erreichen des Ziels „Nachhaltiger Güterverkehr" an[38]:

Verkehrsvermeidung

- Schaffung von Anreizsystemen für eine bessere Auslastung der Fahrzeuge bzw. eine Verringerung des Leerfahrtenanteils (Fahrleistungsminderung)
- Beeinflussung der Fertigungstiefe (Verminderung von Verkehrsaufkommen, Verkehrs- und Fahrleistungen)
- Beeinflussung der Transportentfernungen (Minderung der Verkehrs- und Fahrleistungen)

Verkehrsverlagerung

- Lenkung der Verkehrsnachfrage in Richtung schadstoffärmerer Verkehrsmittel (Veränderung des Modal Split)
- partielle Ausweitung von sachlichen (Gefahrgut), räumlichen und zeitlichen Fahrverboten für Lkw (Veränderung des Modal Split)

Transportrationalisierung

Effizientere und produktivere Gestaltung der Verkehrsabläufe durch

- Verkehrsleittechniken
- Ladungsinformationssysteme und Frachtenbörsen
- Verkehrs- und Fuhrparkmanagement
- Logistikketten
- Verstärkte Kooperation der Verkehrsträger im Güterfernverkehr

---

[37] Kommission der Europäischen Gemeinschaften (2001), S 90f.
[38] Vgl. hierzu auch DIW Berlin (Projektleitung), ifeu, IVU/HACON (1994).

Passive flankierende Maßnahmen

- Verstetigung des Verkehrsflusses durch Begrenzung der zulässigen Höchstgeschwindigkeiten
- energiesparende Trassenführungen
- Schulung in energiesparender und umweltschonender Fahrweise

Technische Vorschriften

- Vorgabe von Grenzwerten für Luftschadstoffemissionen (direkte Emissionsminderung)
- Vorschriften hinsichtlich der technischen Ausrüstung – Katalysator, Partikelfilter – der Fahrzeuge (direkte Emissionsminderung)

Sofern technische Vorschriften hier eine Rolle spielen, werden sie in Kapitel 7 von ifeu behandelt.

Im Gutachten des Sachverständigenrates für Umweltfragen von 1994 sind diese verschiedenen Ansatzebenen für die Erschließung von Reduktionspotenzialen bei den transportbedingten Schadstoffemissionen in einer Kette von diversen Wahlmöglichkeiten dargestellt:[39]

$$SF == (SF/Fzkm)*(Fzkm/tkm)*(tkm/GE)*(GE/N)*N$$

SF	Schadstofffracht
GE	Guteinheiten
Fzkm	Fahrzeugkilometer
tkm	Tonnenkilometer
N	Nutzen der Guteinheit

- der Quotient SF/Fzkm beschreibt die Emissionsintensität des benutzten Verkehrsmittels (technisches Reduktionspotenzial im engeren Sinne)
- der Quotient Fzkm/Tkm beschreibt die Fahrleistungsintensität; sie lässt sich z.B. durch Erhöhung oder durch Umstieg auf andere Verkehrsmittel mit geringerer Fahrleistungsintensität verbessern (die Nutzung des KV ist ein Mittel zur Senkung der Fahrleistungsintensität des Straßengüterverkehrs)
- die Transportintensität der Güter Tkm/GE resultiert u.a. aus der Gewerbesiedlungsstruktur, d.h. dem Grad der räumlichen Arbeitsteilung (Verringerung der Verkehrsleistungen durch höhere Verdichtung von Siedlungsstrukturen oder durch andere räumliche Organisation von Konsum und Produktion)

---

[39] Vgl. Der Rat von Sachverständigen für Umweltfragen (1994), S 275.

- der Quotient GE/N beschreibt die Gütermengenintensität für ein bestimmtes Nutzenniveau. Bei einer Verschiebung der Nachfrage von Massen- zu Qualitätsgütern (oder auch langlebigeren Konsumgütern), würde die Gütermengenintensität bei gleichem Nutzenniveau abnehmen
- denkbar ist auch eine Anpassung des Nutzenniveaus N (dies wird auch als *Suffizienzrevolution* bezeichnet), mit dem die Schadstofffracht durch den GV gesenkt werden könnte: werden weniger Güter transportiert, entstehen auch weniger Emissionen.[40]

Jede Verkleinerung dieser Quotienten bewirkt automatisch eine Verringerung der Schadstoffmengen, hier der CO_2-Emissionen. Die Wahl der jeweils günstigsten Option (oder der Kombinationen mehrerer Optionen) zur Senkung der Emissionen hängt ab von den jeweiligen Kosten bzw. vom Nutzenentgang, der durch die Senkung eines Quotienten verursacht wird.

5.2.2.2 Instrumente und Maßnahmen

Für die Erschließung der CO_2-Reduktionspotenziale auf den verschiedenen oben skizzierten Ansatzebenen steht eine Vielzahl von Instrumenten zur Verfügung, die entweder direkt (z.B. technische Vorschriften) oder indirekt (wie Transportvermeidung, Transportverlagerung und Fahrleistungsminderung) wirken. Einen Königsweg gibt es nicht. Die organisatorischen und technischen Maßnahmen, die direkt über verbesserte und produktivere Verkehrsabläufe oder verringerte Grenzwerte die Fahrleistungen und/oder das Emissionsverhalten beeinflussen, werden implizit in Abschnitt 7 behandelt.

Ordnungspolitische Vorschriften (Instrumente) wie verstärkte Kontrolle bestehender Geschwindigkeitsbegrenzungen und Überholverbote für Lkw auf Bundesfernstraßen (verschärfte Ahndung bei Verstößen), verschärfte Überwachung der Vorschriften zu Lenk- und Ruhezeiten für das Personal im Straßengüterverkehr, Vorschriften zum Einbau von nicht manipulierbaren Fahrtenschreibern und Temporeglern sowie eine allgemein stärkere Überwachung der bestehenden Vorschriften und Regelungen sind für eine nachhaltige Güterverkehrsentwicklung ebenso sinnvolle flankierende Maßnahmen wie eine obligatorische allgemeine Schulung in energiesparender Fahrweise. Auch die weitere Liberalisierung des europäischen Eisenbahnmarktes mit dem Ziel, den Marktzugang für Dritte zu erleichtern, um über mehr Wettbewerb die Effizienz von Bahntransporten zu erhöhen, ist ein essenzielles ordnungspolitisches Instrument. Diese Maßnahmen bewirken ei-

---

[40] Vgl. Hesse M und Meyerhoff J (1997).

nerseits direkte Kraftstoffverbrauchs- und CO_2-Minderungen (Überwachung von Tempolimits, Überholverbote, obligatorische Fahrerausbildung) und unterstützen andererseits über eine Effizienzsteigerung alternativer Verkehrsträger (z.B. Bahnkabotage) oder durch ihre Kostenwirksamkeit (z.B. Sozialvorschriften) die beabsichtigte Verkehrsverlagerung auf Bahn und/oder Binnenschifffahrt.

Die Diskussion über die *ökonomischen Instrumente* im Verkehrsbereich hat eine lange Tradition. Die wichtigsten preispolitischen Instrumente sind grundsätzlich die Kfz-Steuer, die Mineralölsteuer, die Straßenbenutzungsgebühren sowie die Zertifikatlösung.[41]. Kontrovers diskutiert wird vor allem darüber, welches das jeweils zweckmäßigste Instrument zur Erreichung von vorgegebenen Zielen im Verkehrsbereich ist. Die wichtigsten Problembereiche im Verkehrsbereich sind

- die Anlastung der Wegekosten
- die zeitliche und räumliche Steuerung von Verkehrsabläufen zur Vermeidung von Staus oder lokalen Lärm- und Schadstoffbelastungen (Verkehrslenkung)
- die verursachergerechte Anlastung der externen Effekte (Umwelt-, Lärm-, Stau- und Unfallkosten)

Die Diskussion über das „richtige" preispolitische Instrument soll hier ebenso wenig aufgenommen werden wie die Auseinandersetzung darüber, ob man sich bei den Abgaben an den Durchschnittskosten oder den Grenzkosten orientieren sollte oder ob es nicht sinnvoll wäre, fahrzeugabhängig gespaltene Tarife einzuführen[42] und auch die beiden anderen Verkehrsträger Schiene und Binnenschifffahrt in ein umfassendes Infrastrukturabgabensystem einzubinden.

Im Rahmen dieser Studie werden die Mineralölsteuer und die Straßenbenutzungsgebühr instrumentalisiert. Beide Abgaben werden gegenüber dem Trendszenario deutlich angehoben.

In der verkehrswissenschaftlichen Diskussion wird mehrheitlich dafür plädiert, die Straßenbenutzungsgebühr für die Wegekostenanlastung und

---

[41] Auch die Gewährung (Mineralölsteuerbefreiung des Luftverkehrs) oder der Abbau (Kürzungen der Zuschüsse für den öffentlichen Personennahverkehr) von Subventionen sind als ökonomische Instrumente anzusehen.
[42] Vgl. hierzu Der Rat von Sachverständigen für Umweltfragen (1994), S 279 ff. sowie Eisenkopf A (2001).

5.2 Güterverkehr

die Mineralölsteuer eher als Instrument für die Internalisierung der externen Effekte einzusetzen. Diesem Denkansatz wird auch hier grundsätzlich gefolgt. Allerdings gilt es zu beachten, dass die hier gewählte Größenordnung jeweils beider Abgaben aus pragmatischen Erwägungen von diesem Prinzip abweicht. Die Straßenmaut ist deutlich höher als sie – gemessen an den von den Lkw verursachten Wegekosten – sein müsste. Die Mineralölsteuer im Nachhaltigkeitsszenario liegt unter dem Satz, der zur vollständigen Internalisierung der externen Effekte notwendig wäre. Vor dem Hintergrund der politischen Diskussion in EU-Europa – und der Kompensationsmaßnahmen – über die in der jüngsten Vergangenheit eingetretenen Kraftstoffpreiserhöhungen (schon bei einem Preis von 0,87 Euro bis 0,92 Euro je l DK) erscheint es unrealistisch, für die Mineralölsteuer einen Satz zu Grunde zu legen, der zu einem Tankstellenabgabepreis von deutlich mehr als 2,56 Euro/l DK (real) geführt hätte. Dagegen erscheint eine Straßenmaut, die zwar deutlich über dem zur Anlastung der Wegekosten erforderlichen Satz liegt, sich in ihrer absoluten Höhe aber an den bereits in der Schweiz eingeführten Gebührensätzen orientiert, politisch eher durchsetzbar.

Die Mineralölsteuer auf DK ist dem Steuersatz auf Vergaserkraftstoffe angeglichen. Der Tankstellenabgabepreis beträgt 1,68 Euro/l DK (real), im Trendszenario 2020 beträgt er 0,93 Euro/l (vgl. Abschnitt 3.1).

Im Nachhaltigkeitsszenario wird eine fahrleistungsabhängige Maut eingeführt, die auf dem gesamten Straßennetz und von allen Güterverkehrsfahrzeugen > 3,5 t zul. GG zu entrichten ist. Die Ausgestaltung der Straßenbenutzungsgebühr ähnelt dem Schweizer System. Im Zeitverlauf steigend sind 2020 für Lkw von 3,5 bis 12 t: 20,5 Cent/Fzkm, für Lkw von 12 bis 18 t: 30,7 Cent/Fzkm und für Lkw von 18 bis 40 t zul. GG: 51,1 Cent/ Fzkm zu bezahlen. Die Erhebung auf dem gesamten Straßennetz verhindert, dass Fahrzeuge auf das nachgeordnete Netz ausweichen, um der Maut zu entgehen. Der Geltungsbereich ab 3,5 t zul. GG soll sicherstellen, dass nicht auf kleinere Fahrzeuge umgerüstet wird, um der Mautpflicht zu entgehen.

Die Kfz-Steuer hat heute im Rahmen der Gesamtkosten eines Fuhrunternehmers ein relativ geringes Gewicht (euronorm- bzw. schadstoffabhängig 1 % bis 2 %). Der aktuellen verkehrspolitischen Diskussion und dem Vorschlag, die Kfz-Steuer für deutsche Lkw als Kompensation für die ab 2003 vorgesehene Straßenmaut zu streichen, wird hier nicht gefolgt. Sie bleibt in der bisherigen Höhe – gestaffelt nach Emissionsklassen – erhalten.

Zertifikate gelten als das ideale theoretische Instrument in der Umweltökonomik. Sie sind von allen pretialen Instrumenten in jedem Falle ökologisch das Treffsicherste und gelten auch als ökonomisch sehr effizient. Zertifikatlösungen werden für den Verkehrsbereich erst seit jüngerer Zeit diskutiert und haben noch keine umfassende Anwendung gefunden. Im Güterverkehr wären mit der Einführung von Zertifikaten eine Vielzahl von Problemen auf der praktischen wie auch auf der theoretischen Ebene verbunden, die noch einer eingehenden Diskussion bedürfen. Im Rahmen dieser Studie werden sie ungeachtet ihrer Vorzüge deshalb nicht weiter betrachtet.

Der Einsatz pretialer Instrumente soll Anreize schaffen, verbrauchsärmere Nutzfahrzeuge herzustellen, zu kaufen und zu nutzen. Gleichzeitig werden die Lkw-Unternehmer stimuliert, ihre Fahrzeuge besser auszulasten und den Leerfahrtenanteil zu verringern (Flottenmanagement). Die verladende Wirtschaft wiederum soll veranlasst werden, aus Kostengründen Verkehre auf die umweltverträglicheren Verkehrsträger Bahn und Binnenschifffahrt bzw. den Kombinierten Verkehr (KV) zu verlagern sowie über eine erhöhte Fertigungstiefe und/oder veränderte Bezugs- und Absatzquellen zu einer Verminderung von Verkehrs- und Fahrleistungen beizutragen. Dem Verbraucher oder Konsumenten als letztem Glied in der Kette wird durch eine Erhöhung des Preises des nachgefragten Konsumgutes verdeutlicht, dass der Apfel aus Neuseeland eben mit höheren Transportkosten belastet ist als der aus der näheren Umgebung.

Die investitionspolitischen Instrumente sind zusammen mit organisatorischen und angebotspolitischen Maßnahmen gezielt einzusetzen, um die Netze und die Umschlageinrichtungen (Güterverkehrszentren, KV-Terminals) von Bahn und Binnenschifffahrt qualitativ und quantitativ erheblich zu erweitern. Die Engpassbeseitigung im Netz der Eisenbahnen und in den Umschlagzentren für den Kombinierten Verkehr, die erhöhte Durchlassfähigkeit der Strecken und die generelle Verkürzung der Transportzeiten sind notwendige flankierende Maßnahmen, damit die von den preispolitischen Instrumenten induzierten „potenziellen" Verkehrsverlagerungen auch realisiert werden können. Es macht keinen Sinn, Straßentransporte erheblich zu verteuern und die in jeglicher Hinsicht ungenügenden Transportalternativen bei Bahn und Binnenschifffahrt auf dem heutigen Stand zu belassen.

Der stärkeren Einbindung der Eisenbahn in die nationalen und internationalen Verkehrsabläufe sowie der Integration in europaweite logistische Transportketten stehen derzeit noch eine Vielzahl von Funktionsschwächen entgegen, die zum großen Teil auch im aktuellen Weißbuch der EU-

5.2 Güterverkehr

Kommission[43] erwähnt und seit vielen Jahren in beinahe jeder verkehrspolitischen Diskussion über die künftige Verkehrsentwicklung benannt werden:

- stärkere Entmischung des Personen- und Güterverkehrs (Verkürzung der Traktionszeiten)
- moderne Waggonparks
- Ausrichtung der Terminals der Bahn an Markt- und Potenzialanalysen (bisher hauptsächlich an vorhandener Infrastruktur)
- Optimierung bei der Zugbildung (automatische Kupplung; „intelligente" Güterwagen; selbstgesteuerte Transporteinheiten – Cargo Sprinter, Schienen-Lkw; bimodale Systeme – Kombitrailer; dezentrale Behälterumschlagsysteme – Bahnwaggon- und Lkw-basiert)
- Erhöhung der Strecken- und Knotenkapazitäten durch moderne Zugsicherungs- und Betriebsleitsysteme (forcierte Entwicklung des ETCS – European Train Control System)
- kundengerechte Informationssysteme („Tracking" – automatische Sendungsverfolgung bzw. online Ortung der transportierten Güter im Netz, sowohl national als auch international) zur stärkeren Integration in intermodale Transportketten
- verbesserte Logistik-Gesamtangebote (door-to-door-Regalservice)
- Herstellung der Interoperabilität bei internationalen Verkehren (international kompatible Zugsicherungs- und Betriebsleitsysteme; Harmonisierung der elektrischen Systeme, der Lichtraumprofile, der Spurweiten, der Brems- und Sicherungssysteme; Mehrstromlokomotiven etc.)
- Beseitigung der zeitaufwendigen Grenzbehandlung (Herstellung von Bedingungen, wie sie für den Lkw selbstverständlich sind)
- Anpassungsinvestitionen in Terminals und Gleisanschlüsse (kein Rückzug, sondern Aufrechterhaltung der Flächenbedienung, „low-budget Feeder-Terminals", stärkere Integration der NE-Bahnen)

Gelingt es mittel- und langfristig nicht, diese Defizite und Schwachstellen auch nur annähernd zu beseitigen, dann sind die im Nachhaltigkeitsszenario für die Bahn ermittelten Verkehrsmengen Makulatur. Die im Nachhaltigkeitsszenario unterstellten pretialen Maßnahmen würden unter sonst gleich bleibenden Voraussetzungen lediglich zu einer Verteuerung der Transportgüter führen, die Effekte in Bezug auf mehr Nachhaltigkeit wären marginal.

---

[43] Kommission der Europäischen Gemeinschaften (2001), S 22 ff. und praktische Beispiele S 31 f: „Rechnet man sämtliche Stopps ein, beträgt die Durchschnittsgeschwindigkeit im grenzüberschreitenden (Eisenbahn-) Güterverkehr lediglich 18 km/h, die Züge sind damit langsamer als ein Eisbrecher in der Ostsee!"

Unter diesen Voraussetzungen wären auch die im Integrationsszenario der BVWP-Prognose für die Bahn ermittelten Verkehrsmengen – insbesondere im Kombinierten Verkehr – als extrem unrealistisch zu bezeichnen.

Von zentraler und essenzieller Bedeutung für künftig höhere Schienengüterverkehre bleiben daneben die Forderungen nach einem diskriminierungsfreien Zugang zum Netz und einem voll transparenten Trassenpreissystem.

Sinnvoll ergänzt um organisatorische Maßnahmen (wie Verkehrsleitsysteme, Stauregelung), eine erweiterte Öffentlichkeitsarbeit (Werbekampagnen für umweltverträgliches Verhalten der Verlader, Spediteure und Verkehrsträger sowie für die Benutzung umweltfreundlicher Verkehrsmittel), eine gezielte Technologiepolitik (Steigerung der Energieeffizienz der Verkehrsträger sowie der Verkehrs- und Betriebssysteme) sowie eine umfassende (obligatorische) Schulung in energiesparender Fahrweise kann ein derart umfassend zusammengesetztes „Instrumentenmix" beträchtliche CO_2-Minderungen bewirken.

5.2.2.3 Operationalisierung

Eine Wirkungsanalyse der im vorigen Abschnitt behandelten Einzelmaßnahmen wäre zu unübersichtlich und technisch kaum zu bewerkstelligen. Zudem ist ein solches Vorgehen auch inhaltlich nicht sinnvoll. Zum einen kann in der Regel das gewünschte Ziel wegen der vielfältigen Ausweichmöglichkeiten der Verkehrsteilnehmer nur mit einem Bündel an Maßnahmen aus den verschiedenen Bereichen erreicht werden. Zum anderen lassen sich die Wirkungen von Einzelmaßnahmen nicht einfach additiv zu einem Gesamteffekt zusammenführen, da sie entweder in Konkurrenz zueinander stehen (eine Lkw-Fahrt kann bei verschlechterten Angebotsbedingungen des Straßengüterverkehrs und entsprechenden Angebotsverbesserungen für Eisenbahn und Binnenschifffahrt nur zu einer Verkehrsart verlagert werden) oder sich ergänzen und verstärken.

Auf bestimmte Einzelmaßnahmen (z.B. Mineralölsteuererhöhung) wird es kurzfristige Reaktionen geben, langfristig wird man sich jedoch an eine Einzelmaßnahme gewöhnen und sich anpassen bzw. mit Ausweich- und Umgehungsaktionen reagieren. Isolierte räumliche und zeitlich begrenzte Fahrverbote z.B. implizieren die Gefahr, dass es zu Umweg-Fahrten kommt bzw. dass die Fahrten in die erlaubten Zeiten verlagert werden und dadurch auf den zu bestimmten Zeiten oder in bestimmten Gebieten stärker benutzten Strecken Staus und andere kontraproduktive Effekte produziert würden.

Vorschriften zu Gefahrguttransporten sind unsinnig, wenn etwa als Folge von angeordneten Verkehrsverlagerungen durch zweimaliges Umladen in den Umschlagzentren (bei den kombinierten Verkehren) zusätzliche Risiken entstehen.

Aus diesem Grunde werden die Einzelmaßnahmen zu effizienten Maßnahmenbündeln zusammengefasst, die in erster Linie auf die Haupteinflussfaktoren für den Modal Split einwirken:

- Transportzeit
- Transportpreise
- Kapazitäten der Verkehrsträger
- Angebotsqualität

Eine zentrale Bedeutung für die angestrebten Verkehrsverlagerungen haben die generelle Kapazitätserweiterung sowie eine deutlich verbesserte Angebotsqualität bei den Transportalternativen zum Straßengüterverkehr, vor allem bei der Bahn. Die preispolitischen Maßnahmen können nur im Zusammenhang mit entsprechenden Kapazitätsmaßnahmen sowie jenen Maßnahmen, die die Pünktlichkeit, die Zuverlässigkeit, das Informationsbedürfnis der Verlader sowie die Serviceleistungen (Logistik) für alle am Transportprozess Beteiligten deutlich erhöhen bzw. verbessern, ihre volle Wirksamkeit entfalten (vgl. Abbildung 3.1.). Andernfalls bleibt das Nachhaltigkeitsszenario Wunschdenken. Für die Einflussfaktoren Kapazitäten und Angebotsqualität sind keine autonomen Berechnungen durchgeführt worden; sie werden implizit im Sinne der angestrebten Verkehrsverlagerung als realisiert unterstellt.

Die Effekte der Hauptwirkungsrichtung „Transportvermeidung" und „Transportrationalisierung" ergeben sich in erster Linie durch eine Erhöhung der Transportpreise bzw. der -kosten. Das entsprechende Maßnahmenbündel „Transportpreise und -kosten" ist identisch mit dem für die „Transportverlagerung" zugrunde gelegten.

Die relativen Transportzeiten von Bahn- und Binnenschifffahrt werden gegenüber dem Straßengüterverkehr verbessert. Dies geschieht durch Transportzeiterhöhungen auf der Straße (z.B. verschärfte Kontrollen und Überwachung bestehender Geschwindigkeitsvorschriften auf allen Straßenkategorien, verschärfte Ahndung bei Verstößen, verschärfte Vorschriften und verstärkte Überwachung der Sozialvorschriften, ebenfalls verbunden mit einer verstärkten Ahndung bei Verstößen) oder durch Transportzeitabsenkungen vor allem bei der Bahn (z.B. stärkere Entmischung des Betriebs im Personen- und Güterverkehr, schnelle Linien- und Direktzugverbindungen im kombinierten Verkehr, moderne Zug- und Betriebsleitsysteme, Automatisierung der Umschlaganlagen, Abbau sämtlicher Grenzbarrieren und sonstiger eisenbahntechnischer Inkompatibilitäten im internationalen Schienengüterverkehr).

Tabelle 5.10. Preis- und Zeitelastizitäten im Güterfernverkehr nach IWW/BVU

Güterbereich	Preiselastizitäten Straße	Zeitelastizitäten Straße
Land- u. Forstwirt. Erzeugnisse	−1,103	−0,093
Nahrungs- u. Futtermittel	−1,271	−0,104
NE-Metallerze, Schrott	−0,976	−0,131
Eisen, Stahl, NE-Metalle	−0,583	−0,079
Steine, Erden	−1,108	−0,160
Chemische Erz.	−0,655	−0,087
Investitionsgüter	−0,642	−0,078
Verbrauchsgüter	−0,687	−0,080

Quelle: IWW/BVU (1998).

Gegenüber der Binnenschifffahrt wirken sich die Transportzeiterhöhungen des Straßengüterverkehrs aufgrund der überdurchschnittlich langen Transportzeiten der Binnenschiffe – anders als die pretialen Maßnahmen – auch im Nachhaltigkeitsszenario nicht wettbewerbswirksam aus.

Im Gesamteffekt verändert sich das Verhältnis der Transportzeiten von Lkw und Bahn im Nachhaltigkeitsszenario um rund 10 % zugunsten der Bahn. Diese Effekte resultieren zu einem Drittel aus straßen- und zu zwei Dritteln aus schienenseitigen Maßnahmen. Bei der Bahn wird davon ausgegangen, dass alle potenziell transportzeitsenkenden Maßnahmen im Güterzugverkehr sich in einer entsprechenden Anhebung der Systemgeschwindigkeit (Haus-Haus-Transportzeit) umsetzen.

5.2 Güterverkehr

Tabelle 5.11. Kostenrechnung (in Euro) für einen Lkw < 7,5 t [a] – ohne Anpassungsreaktionen

Kostenart	Basisszenario 1997	Trendszenario 2020	Nachhaltigkeits-szenario 2020
Feste Kosten	56.974,3	56.974,3	56.974,3
Fahrpersonal	35.790,4	35.790,4	35.790,4
Kfz-Steuer	285,8	285,8	285,8
Sonstige feste Kosten	20.898,0	20.898,0	20.898,0
Feste Kosten/km	2,28	2,28	2,28
Variable Kosten	6.186,6	6.543,0	13.996,7
Kraftstoffkosten	2.504,3	3.289,9	5.630,7
Straßenmaut (20,5 Cent/km)	–	–	5.112,9
Variable Kosten/km	0,25	0,26	0,56
Gesamtkosten/Jahr	63.160,9	63.517,3	70.970,9
Gesamtkosten/km	2,53	2,54	2,84
		2020/1997	2020Tr./ 2020 Na
Kostenveränderung in %		0,6	11,7

[a] MAN, Pritsche, 3090 kg Nutzlast, Einsatz im Güternahverkehr, 25000 km Jahresfahrleistung.

Anmerkungen: Im Trendszenario erhöht sich der Kraftstoffpreis von 0,63 Euro/l DK(1997) auf 0,93 Euro, im Nachhaltigkeitsszenario auf 1,68 Euro. Eine Straßenbenutzungsgebühr wird heute und im Trendszenario nicht entrichtet. Im Nachhaltigkeitsszenario wird eine fahrleistungsabhängige Gebühr von 20,5 Cent/km eingeführt. Beim Kraftstoffverbrauch (l/100km) wird im Trendszenario eine Verbrauchsreduktion von 10 % erwartet, im Nachhaltigkeitsszenario eine weitere von 5 %.

Die Reaktionen der Verlader auf veränderte Transportzeiten werden mittels Zeitelastizitäten[44] unter Heranziehung der Ergebnisse einer Expertenbefragung[45] ermittelt.

Im Nachhaltigkeitsszenario werden Transportpreise und -zeiten generell zu Lasten der Straße verändert. Auffallend ist bei den von IWW/BVU ermittelten Elastizitäten, dass die Verlader wesentlich stärker auf Transportkostenänderungen als auf Transportzeitänderungen reagieren.

Die Transportkosten haben auch im Nachhaltigkeitsszenario das bei weitem größte Gewicht. Durch die im folgenden quanitifizierten Maßnah-

---

[44] Vgl. IWW (2001), S 90.
[45] DIW Berlin (Projektleitung), ifeu, IVU/HACON (1994).

men wird das Verhältnis der Transportkosten zwischen dem Straßengüterverkehr einerseits und Bahn und Binnenschifffahrt andererseits zugunsten der letzteren geändert. Über den Transportpreis werden beide Verkehrsträger wettbewerbsfähiger gemacht.

Das Maßnahmenbündel „Transportkosten" zielt auch auf eine Verkehrsvermeidung. Erhöhte Transportkosten führen bei Verladern zu anderen Überlegungen hinsichtlich ihrer Produktionsstrategien (weniger „just in time", verstärkte Lagerhaltung), ihrer regionalen Bezugs-/Lieferverflechtungen sowie bei den Verkehrsträgern zu einer besseren Auslastung der vorhandenen Kapazitäten und damit zu einer Verringerung der Fahrleistungen.

Die Möglichkeiten, die Transportpreise und -kosten zu beeinflussen, sind vielfältig. Innerhalb des Maßnahmenbündels „Transportpreise und -kosten" haben die Maut und die Mineralölsteuer sicherlich die größten Wirkungen hinsichtlich Transportverlagerung und Transportvermeidung. Die Einführung der Straßenmaut und die kräftige Anhebung der Mineralölsteuer führen bei den Transportunternehmen zu erheblichen Kostensteigerungen. Auch die Verschärfung der Sozialvorschriften (Lenk- und Ruhezeiten für das Fahrpersonal) und deren verstärkte Überwachung wirken sich kostenerhöhend aus, wenn etwa zusätzliches Personal eingestellt werden muss oder sich die Umlaufzeiten der Lkw erhöhen.

Anhand von Kostenrechnungen für Lkw unterschiedlicher Nutzlastklassen wurde untersucht, wie sich bei den jeweils geltenden Abgabesätzen die Kostenstrukturen verändern.

Im ersten Schritt zur Schätzung der Wirkungen der Preismaßnahmen auf die Lkw-Transporte ist zu bestimmen, wie sich die Erhöhung der Lkw-Betriebskosten durch Maut und Mineralölsteuererhöhung letztlich auf den Transportpreis niederschlagen. Die jeweils geltenden Annahmen sind in den Anmerkungen der Tabellen abzulesen (Tabellen 5.11. und 5.12.).

Im Güterverkehr tragen die Lohnkosten für den Fahrer erheblich zu den Betriebskosten bei. Ihre Bedeutung nimmt mit zunehmender Fahrzeuggröße und steigenden Jahresfahrleistungen ab. Im Trendszenario werden bei den kleineren Fahrzeugen die geringfügig steigenden Kraftstoffpreise durch die Verringerung der spezifischen Kraftstoffverbräuche vollständig kompensiert. Anders sieht es jedoch im Nachhaltigkeitsszenario aus. Hier führen Maut und deutlich höhere Kraftstoffpreise zu einer gegenüber dem Trend um 12 % höheren Kostenbelastung.

Tabelle 5.12. Kostenrechnung (in Euro) für einen Sattelzug 40t [a] – ohne Anpassungsreaktionen

Kostenart	Basisszenario 1997	Trendszenario 2020	Nachhaltigkeitsszenario 2020
Feste Kosten	108.815,7	107.537,5	107.537,5
Fahrpersonal	53.685,6	53.685,6	53.685,6
Kfz-Steuer	1.485,8	1.485,8	1.485,8
Sonstige feste Kosten	53.644,2	53.644,2	53.644,2
Feste Kosten/km	0,73	0,72	0,72
Variable Kosten [b]	53.214,7	77.615,6	179.400,0
Kraftstoffkosten	33.190,0	46.086,8	82.681,0
Straßenmaut	–	11.504,1	76.693,8
(7,7 Cent/km im Trend, 51,1Cent/km im Nachhaltigkeitsszenario)			
Variable Kosten/km	0,35	0,52	1,20
Gesamtkosten/Jahr	162.030,4	185.153,1	286.937,5
Gesamtkosten/km	1,08	1,24	1,92
		2020/1997	2020 Tr./2020 Na.
Kostenveränderung in %		14,2	55,2

[a] MAN TG-A 18.419XL Curtainsider, Einsatz im gewerblichen Güterfernverkehr, Zugmaschine und Anhänger, 150.000 km Jahresfahrleistung.
[b] Einschl. Eurovignette.

Anmerkungen: Im Trendszenario erhöht sich der Kraftstoffpreis von 0,63 Euro/l DK(1997) auf 0,93 Euro/l, im Nachhaltigkeitsszenario auf 1,68 Euro/l. Die heute gültige Vignettenregelung wird im Trendszenario durch eine fahrleistungsabhängige Straßenbenutzungsgebühr von 7,7 Cent/km auf BAB ersetzt. Im Nachhaltigkeitsszenario wird diese Gebühr auf 51,1 Cent/km erhöht; sie ist für das gesamte Straßennetz zu entrichten. Beim Kraftstoffverbrauch (l/100km) wird im Trendszenario eine Verbrauchsreduktion von etwa 5 % erwartet, im Nachhaltigkeitsszenario eine weitere von 5 %, die sich aber wegen des durch die höhere Beladung bedingten Mehrverbrauchs nicht auf den effektiven Kraftstoffverbrauch auswirkt.

Ganz anders wirken sich die Maßnahmen bei den großen im Fernverkehr eingesetzten Lkw und Sattelzügen aus. Bei den spezifischen Verbrauchswerten lassen sich nach allgemeiner Einschätzung nur marginale Absenkungen erreichen. Durch einen verringerten Leerfahrtenanteil und durch höhere Beladung wirken sich diese nicht auf den Gesamtverbrauch der schweren Lkw aus. Im Trendszenario sind durch die Einführung der Maut (7,7 Cent/km) und dem gegenüber dem Referenzszenario erhöhten DK-Preis 14 % Kostensteigerungen zu verzeichnen. Unter den Bedingungen des Nachhaltigkeitsszenarios werden – ohne Berücksichtigung von Anpassungsreaktionen – die Kosten erheblich steigen. Gegenüber den

Kosten im Trend steigen sie im Nachhaltigkeitsszenario im gewählten Beispiel um 55 %. Kraftstoffkosten und Straßenbenutzungsgebühren haben jeweils knapp drei Zehntel Anteil an den Gesamtkosten.

Im Nachhaltigkeitsszenario könnten im Fernverkehr mit schweren Lkw Kostensteigerungen auch daraus resultieren, dass infolge verstärkter Überwachung der Sozialvorschriften (Lenk- und Ruhezeiten des Fahrpersonals) die Fuhrunternehmer gezwungen sind, mehr Fahrpersonal einzusetzen, oder dass die Lkw eine geringere Einsatzzeit – gemessen in jährlichen Einsatztagen – aufweisen. Beide Alternativen würden sich unmittelbar kostensteigernd auswirken; sie sind hier allerdings nicht berücksichtigt.

Die Möglichkeiten des Fuhrunternehmers, auf diese Kostensteigerungen zu reagieren, sind zunächst vielfältig:

- Einsparungen bei den sonstigen betrieblichen Kosten
- Optimierung der Tourenplanung
- Erhöhung des Auslastungsgrades
- Verringerung des Leerfahrtenanteils

Angesichts des schon heute sehr intensiven Wettbewerbs im gewerblichen Straßengüterfernverkehr dürften die Möglichkeiten zur innerbetrieblichen Kosteneinsparung bereits weitestgehend ausgeschöpft sein. Einmal angenommen, der Lkw-Unternehmer spart bei den sonstigen festen Kosten 1022,6 Euro ein, durch optimierte Tourenplanung ließen sich 1 % der Fahrleistungen (weniger Kraftstoffe, weniger Mautgebühren) einsparen und der Auslastungsgrad des Fuhrparks könnte um 5 % (von zwei Drittel auf knapp 70 %) gesteigert werden, würden sich unter sonst gleichen Voraussetzungen im gewählten Beispiel die Kosten nicht um 55 %, sondern um 48 % erhöhen. Diese Effekte sind den Ansatzebenen „Transportvermeidung" und „Transportrationalisierung" zuzuordnen.

Die verladende Wirtschaft kann ebenfalls reagieren. Hier besteht die Möglichkeit, sich hinsichtlich der Bezugs-/Absatzquellen (regional) anders zu orientieren oder über eine erhöhte Fertigungstiefe Kosten einzusparen. Die Möglichkeiten hierzu sind zweifellos vorhanden, sie werden allerdings für den Betrachtungszeitraum bis 2020 als gering eingeschätzt. In der Regel sind die Bindungen an die eigenen Lieferanten oder die Absatzmärkte relativ eng. Noch langwieriger und problematischer dürfte eine Umstrukturierung des eigenen Produktionsapparates sein, um die Fertigungstiefe zu erhöhen. Die Umkehrung des bisherigen Trends (weniger „lean-production", größere Fertigungstiefe, Wiedereinführung von Lagerhaltung etc.) dürfte in einem für das Ziel „mehr Nachhaltigkeit im Güterverkehr" nennenswerten Ausmaß nur sehr langfristig möglich sein. Bis 2020 werden diese Effekte auf etwas mehr als 1% geschätzt (Transportaufkommen). Zusammen mit den innerbetrieblichen Rationalisierungsmaßnahmen (Routenoptimierung, s.o.) wird das Vermeidungspotenzial bei den Verkehrsleistungen auf 2,5 % geschätzt.

Nach Realisierung aller Anpassungsmechanismen dürften die Kostensteigerungen für den gesamten Straßengüterverkehr etwa 35 bis 40 % betragen. Diese Kostensteigerungen werden mit dem Elastizitätskonzept in Reaktionen des Verkehrsmarktes umgesetzt.

Tabelle 5.13. Preis(PE)- und Kreuzpreiselastizitäten (KPE) im Güterfernverkehr Straße, Bahn, Binnenschiff – Verkehrsaufkommen

Gütergruppen	direkte PE Straße	KPE Bahn	KPE Binnenschiff
Landwirtschaftliche Erzeugnisse	–0,30	0,95	0,05
Nahrungs- und Futtermittel	–0,21	2,25	–0,01
Kohle	–0,26	0,01	0,01
Rohöl	–0,33	–	–0,03
Mineralölprodukte	–0,26	0,29	0,00
Eisenerze	–0,49	0,01	0,00
NE-Erze, Schrott	–0,22	0,10	0,04
Eisen, Stahl, NE-Metalle	–0,37	0,20	0,08
Steine, Erden	–0,21	0,52	0,03
Chemische Erze, Düngemittel	–0,31	0,47	0,14
Investitionsgüter	–0,33	1,17	0,41
Verbrauchsgüter	–0,33	1,02	0,07
Insgesamt	–0,29	0,44	0,04

Quelle: DIW Berlin.

In der Literatur ist die Bandbreite der Elastizitätsschätzungen, ähnlich wie im Personenverkehr, sehr groß.[46] Je transportkostenintensiver ein Gut, desto größer ist in der Regel die Elastizität. Umgekehrt ist bei höherwertigen Verbrauchsgütern, bei denen die Transportkosten nur eine untergeordnete Rolle spielen, die direkte Preiselastizität oder auch die Kreuzpreiselastizität gering. Ähnlich sind die Unterschiede auch bei den Elastizitäten

---

[46] Vgl. hierzu IWW (2001), S 87 ff. Neben dem theoretischen Konzept wird bei IWW ein relativ umfassender Überblick über die in der Literatur vorgefundenen Elastizitäten für den Güterverkehr gegeben.

für unterschiedliche Entfernungsstufen. Im Regionalverkehr beispielsweise sind die Elastizitäten deutlich kleiner als im grenzüberschreitenden Fernverkehr.

Für diese Studie werden Elastizitäten zugrunde gelegt, die aus einer Expertenbefragung resultierten.[47] Die Tabellen 5.13. und 5.14. geben Auskunft über die Elastizitäten für das Verkehrsaufkommen bzw. die Verkehrsleistungen.

Tabelle 5.14. Preis (PE)- und Kreuzpreiselastizitäten (KPE) im Güterfernverkehr Straße, Bahn, Binnenschiff – Verkehrsleistungen

Gütergruppen	direkte PE Straße	KPE Bahn	KPE Binnenschiff
Landwirtschaftliche Erzeugnisse	–0,41	1,16	0,07
Nahrungs- und Futtermittel	–0,34	2,39	0,02
Kohle	–0,37	0,00	0,02
Rohöl	–0,46	–	–0,02
Mineralölprodukte	–0,40	0,34	0,00
Eisenerze	–0,45	0,00	0,00
NE-Erze, Schrott	–0,30	0,07	0,06
Eisen, Stahl, NE-Metalle	–0,46	0,29	0,11
Steine, Erden	–0,31	0,73	0,05
Chemische Erze, Düngemittel	–0,45	0,60	0,21
Investitionsgüter	–0,47	1,18	0,66
Verbrauchsgüter	–0,49	0,99	0,08
Insgesamt	–0,43	0,64	0,06

Quelle: DIW Berlin.

5.2.3 Ökonomische Rückwirkungen von Preiserhöhungen im Straßengüterverkehr

Für das Nachhaltigkeitsszenario wird angenommen, dass die Transportkosten des Straßengüterfernverkehrs im Jahre 2020 um etwa 35 bis 40 % höher sind als im Trendszenario. Bei diesem Wert ist unterstellt, dass die Reaktionen der verladenden Wirtschaft auf Transportpreiserhöhungen

- durch bessere Auslastung der Transportgefäße
- durch kürzere Distanzen zwischen Versender und Empfänger
- durch Wegfall von Transporten (z.B. erhöhte Fertigungstiefe)

bereits stattgefunden haben.

---

[47] Vgl. DIW Berlin (Projektleitung), ifeu, IVU/HACON (1994).

5.2 Güterverkehr

Gegen drastische Anhebungen der fiskalischen Belastungen wenden vor allem die betroffenen Interessengruppen ein, die Wettbewerbsfähigkeit der deutschen Wirtschaft sei gefährdet und würde Produktionsverlagerungen ins Ausland provozieren. Um diese Argumentation zu überprüfen, ist im Rahmen des Gesamtprojekts untersucht worden, welche Auswirkungen die Kostenerhöhungen auf die Gesamtwirtschaft haben. Die folgende Darstellung lehnt sich an frühere Untersuchungen des DIW Berlin an, in denen die gesamtwirtschaftlichen und sektoralen Effekte von Kostenerhöhungen im Straßengüterverkehr ausführlich analysiert worden sind.[48]

Die gesamtwirtschaftlichen Auswirkungen von Transportkostenerhöhungen können mit Hilfe der Input-Output-Matrizen der volkswirtschaftlichen Gesamtrechnung (VGR) geschätzt werden Die im Nachhaltigkeitsszenario unterstellten preispolitischen Maßnahmen betreffen überwiegend die Kosten, die unmittelbar mit dem Betrieb der Lkw verbunden sind (trucking costs). Bezogen auf den gesamten Güterfernverkehr (gesamte Logistik) ist der induzierte Kostenanstieg deutlich niedriger. Die Kostenbelastung der Wirtschaft würde sich nur um rund 0,5 % erhöhen.

Es bleibt jedoch zu prüfen, ob nicht einzelne Wirtschaftssektoren von Transportkostensteigerungen so überdurchschnittlich betroffen würden, dass sie in ihrer Existenz bedroht wären. Selbst bei Berücksichtigung der indirekt enthaltenen Transporte bleibt der Kostenanteil des Güterfernverkehrs bei vielen Wirtschaftsbereichen unter 3 %. Nur in wenigen Bereichen dürften Transportpreiserhöhungen spürbare wirtschaftliche Folgen haben; neben der Forstwirtschaft und der Fischerei sind dies der Baustoffsektor, Glaswaren, Chemische Erzeugnisse, Holzbearbeitung, Papier und Pappe sowie der Verkehrsbereich selbst (vgl. Tabelle 5.15.).

Weitaus stärker wirkt sich der Preis – allerdings nur in Verbindung mit angebotsverbessernden Maßnahmen für die alternativen Verkehrsträger – auf die Konkurrenzsituation zwischen den Verkehrsarten aus.

---

[48] Vgl. DIW Berlin (Projektleitung), ifeu, IVU/HACON (1994) und DIW Berlin (1996).

Tabelle 5.15. Sektorale Effekte von Kostenerhöhungen im Straßengüterverkehr

	Preiseffekt [a]	Anteile der Lkw-Transportkosten	
		direkt in %	direkt und indirekt
Lkw-Transporte	40,0	0,6	102,0
Landwirtschaftliche Produkte	0,4	1,2	2,6
Forstwirtschaft, Fischerei	1,0	3,8	5,5
Elektrizität, Fernwärme	0,2	0,5	1,7
Gas	0,2	0,4	0,9
Wasser	0,0	0,1	0,7
Kohle, Koks, Briketts	0,2	0,6	2,4
Erze, Torf	0,5	1,5	2,7
Erdöl, Erdgas	0,0	0,1	0,2
Chemische Erzeugnisse	0,6	1,9	3,9
Mineralölerzeugnisse	0,6	1,2	1,7
Kunststofferzeugnisse	0,5	1,5	3,2
Gummierzeugnisse	0,7	1,7	3,0
Gewinnung von Baustoffen	2,9	10,1	13,6
Feinkeramik	0,6	1,4	2,5
Glas und Glaswaren	0,8	2,3	4,1
Eisen und Stahl	0,3	0,9	3,3
NE-Metalle und -halbzeug	0,3	0,8	2,2
Gießereierzeugnisse	0,5	1,2	2,6
Ziehereierzeugnisse	0,4	0,9	2,3
Stahl-, Leichtmetallbau	0,4	1,0	2,6
Maschinenbauerzeugnisse	0,5	1,4	2,7
Büromaschinen	0,2	0,5	1,2
Straßenfahrzeuge	0,4	1,2	2,7
Wasserfahrzeuge	0,2	0,6	2,1
Luft-, Raumfahrzeuge	0,2	0,5	1,1
Elektrotechnische Erzeugnisse	0,5	1,2	2,4
Feinmechanische, optische Erzeugnisse	0,3	0,7	1,6
EBM-Waren	0,4	1,1	2,4
Musikinstrumente, Spielwaren	0,1	0,3	1,2
Holzbearbeitung	0,7	2,3	4,4
Holzwaren	0,4	1,5	3,1
Zellstoff-, Papierherstellung	0,9	2,3	4,1
Papier- u. Pappewaren	0,9	2,3	4,9
Druckereierzeugnisse	0,5	1,5	3,2
Lederwaren, Schuhe	0,2	0,5	1,3
Textilien	0,3	0,8	1,8
Bekleidung	0,2	0,6	1,4
Nahrungsmittel	0,9	3,2	6,0
Getränke	0,9	3,1	5,2
Tabakwaren	0,2	0,5	0,9
Hoch-, Tiefbau	0,6	1,4	4,8
Ausbaugewerbe	0,4	1,1	2,8
Großhandel, Rückgewinnung	0,5	1,3	2,2
Leistungen des Einzelhandels	0,2	0,5	1,1

Tabelle 5.15. (Fortsetzung)

	Preiseffekt[a]	Anteile der Lkw-Transportkosten direkt in %	direkt und indirekt
Eisenbahnen	0,9	3,3	4,8
Schifffahrt, Häfen	0,1	0,3	0,9
Post, Telekom	0,6	1,4	1,9
sonstiger Verkehr, ohne Lkw	2,1	6,3	8,6
Leistungen der Banken b			
Versicherungsgewerbe	0,1	0,3	1,4
Vermietung	0,0	0,0	0,6
Gastgewerbe, Heime	0,1	0,2	2,2
Wissenschaft, Kultur, Presse	0,1	0,3	1,8
Gesundheitswesen	0,1	0,2	0,8
Sonstige Dienstleistungen	0,3	0,8	1,7
Gebietskörperschaften	0,2	0,6	1,3
Sozialversicherung	0,1	0,3	1,5
Priv. Org. ohne Erwerbszweige	0,1	0,2	1,0

[a] Verteuerung bei vollständiger Preisüberwälzung.
[b] Keine interpretierbaren Werte.
Quellen: Statistisches Bundesamt, Berechnungen des DIW Berlin.

5.2.4 Verkehrsaufkommen, Verkehrsleistungen, Fahrleistungen

5.2.4.1 Wirkungen von TK-Technik und E-Commerce

Vielfach wird mit dem verstärkten Einsatz von Telekommunikationstechnik (TK) oder der verstärkten Durchdringung des Marktes mit E-Commerce die Hoffnung verbunden, die Umweltbelastungen des Straßenverkehrs verringern zu können.

Im Rahmen einer früheren DIW-Studie zum Güterverkehr wurde mangels gesamtwirtschaftlicher Daten zum Einsatz (Kapazitätsauslastung der Lkw, Flottenmanagement, Verkehrsleitsysteme, „just-in-time"-Beschaffungs- und Vertriebslogistik, Frachtenbörsen, flexible Zugsteuerung sowie zügigere Umschlagorganisation im kombinierten Verkehr) und zu den Hauptwirkungsrichtungen der TK versucht, die entsprechenden Effekte (auch eines verstärkten TK-Einsatzes) durch Fallstudien und Expertengespräche zu schätzen.[49]

---

[49] Einbezogen waren sieben Speditionen bzw. Frachtvermittler, eine Transportbörse, drei Unternehmen der verladenden Wirtschaft sowie die Deutsche Bahn AG.

Der Beitrag der TK-Technik zur Reduzierung von Umwegen und Irrfahrten betrifft stärker den Nah- als den Fernverkehrsbereich. Bei Frachtenbörsen, die auf eine bessere Kapazitätsauslastung und verminderten Leerfahrtenanteil zielen, war nicht zu klären, inwieweit hierdurch tatsächliche Umweltentlastungen erzielt werden können.

Der Einsatz von Verkehrsleittechniken (Telematik) hat Verbesserungen des Verkehrsflusses zur Folge. Gleichzeitig erhöht sich die Attraktivität der Straße, so dass auf gleichen Verkehrsflächen mehr Fahrzeuge durchgeschleust werden können. Der möglichen Reduktion des Verbrauchs für einzelne Lkw steht also die größere Zahl von Fahrzeugen und gefahrenen Straßenkilometern gegenüber. Zum damaligen Zeitpunkt registrierten die Unternehmen noch keine deutliche Kraftstoffeinsparung, die auf TK-Technik zurückgeführt werden könnte.

Zum Einfluss von E-Commerce[50] auf das Verkehrsgeschehen liegen inzwischen Einschätzungen vor, die die Erwartungen von grundlegenden Veränderungen bei der Transportabwicklung nicht bestätigen. Vielmehr sind viele der Veränderungen in der Logistik, die auf den Verkehr wirken, seit einer Reihe von Jahren – unabhängig von der Etablierung des elektronischen Handels – für das Geschehen im Güterverkehr bestimmend. So haben Faktoren wie die weitere Differenzierung der Arbeitsteilung, die weltweite Orientierung bei Beschaffung und Absatz, die Reduktion der Lagerhaltung, Just-in-time-Lieferungen sowie die Tendenz zu kleinteiligen Sendungen und kurzen Zustellungsfristen bereits in der Vergangenheit den Umfang der Transportleistungen, ihre räumliche Struktur und die Entscheidungen über Organisation des Transports und Wahl des Verkehrsmittels beeinflusst.[51]

Eine Expertengruppe verschiedener Bundesministerien formulierte vor einiger Zeit als Schlussfolgerung einer Untersuchung zu den Auswirkungen neuer Informations- und Kommunikationstechniken auf die Verkehrsnachfrage: „Nach den bisherigen Erkenntnissen haben alle für die Entwicklung der Verkehrsnachfrage maßgeblichen Einflussfaktoren einen größeren Einfluss als E-Commerce. Nach derzeitigen Erkenntnissen erfordern die durch die Entwicklung des elektronischen Handels verursachten verkehrlichen Veränderungen keine neuen verkehrspolitischen Maßnahmen."[52]

---

[50] Vgl. Erber G, Klaus P und Voigt U (2001).
[51] Vgl. DIW Berlin (Projektleitung), ifeu, IVU/HACON (1994).
[52] Bundesministerium für Verkehr, Bau- und Wohnungswesen (2001), S 49.

Das DIW Berlin und die Fraunhofer Arbeitsgruppe Technologien der Logistik-Dienstleistungswirtschaft haben in einer kürzlich abgeschlossenen Untersuchung zu den verkehrlichen Wirkungen des E-Commerce im B2B Handel in bestimmten Branchen ebenfalls keine neue verkehrerzeugende Wirkung des elektronischen Handels ermittelt.[53] Es ergeben sich eher evolutorische Verstärkungen bereits bislang zu beobachtender Trends.

5.2.4.2 Verkehrsaufkommen und Verkehrsleistungen

In diesem Abschnitt werden die Ergebnisse zur Aufkommensentwicklung und zu den Verkehrsleistungen dargestellt, wie sie sich für das Nachhaltigkeitsszenario ergeben. Einbezogen sind die Verlagerungsmöglichkeiten und die parallel dazu geschätzten Vermeidungs- und Rationalisierungspotenziale. In der Gegenüberstellung zum Trend-Szenario wird die Spannweite der Gestaltungsmöglichkeiten des Verkehrsablaufs im Güterfernverkehr aufgezeigt.

Die für die Gesamtbilanz der Emissionen relevanten Verlagerungen auf Bahn und Binnenschifffahrt erfordern einen zusätzlichen Aufwand im Straßengüternahverkehr durch Vor- und Nachlauf. Diese Effekte sind ebenso berücksichtigt wie die durch die Verlagerung entstehenden höheren Transportweiten bei der Bahn.

Der durch die Preiserhöhungen bedingte Vermeidungseffekt beträgt, bezogen auf das Verkehrsaufkommen des gesamten Güterfernverkehrs im Trendszenario, lediglich 1,5 %, bezogen auf die Leistung sind es allerdings schon 4 %. (vgl. Tabelle 5.16.). Die stärksten Veränderungen ergeben sich bei den Güterbereichen „Landwirtschaftliche Erzeugnisse" (Aufkommen – 1 %, Leistung –5,7 %), bei „Nahrungs- und Futtermitteln" (–1,7 % bzw. –3,5 %) sowie bei „Verbrauchsgütern" (–3,2 % bzw. –6,1 %). Die durchschnittlichen Transportweiten, die im Trendszenario um fast ein Fünftel zunehmen, werden im Nachhaltigkeitsszenario um 2,4 % reduziert. Auch im Nachhaltigkeitsszenario sind BIP- und Verkehrswachstum bei weitem noch nicht entkoppelt. Allerdings hat sich die Transportintensität schon geringfügig vermindert.

---

[53] Vgl. Klaus P, König S, Distel S (ATL Nürnberg) sowie Hopf R, Voigt U, Schaefer P (DIW Berlin) (2003).

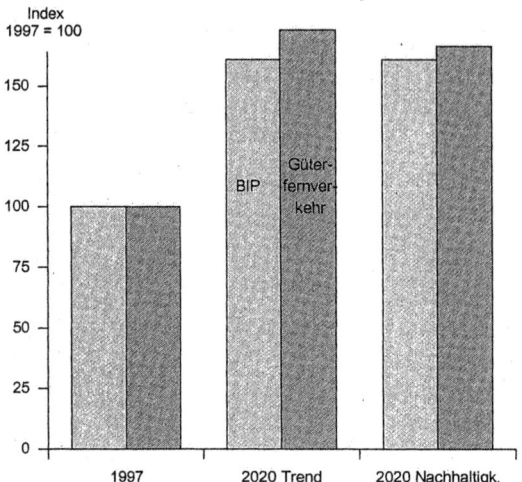

Quellen: BVU, ifo, ITP, PLANCO, Berechnungen des DIW Berlin.

Abb. 5.3. BIP- und Güterfernverkehrswachstum (tkm) im Jahre 1997 und in den Szenarien 2020 Trend und Nachhaltigkeit

Transportverlagerungs- und -vermeidungseffekte führen beim Straßengüterfernverkehr zu einer Verringerung des Verkehrsaufkommens um ein Siebentel, die Verkehrsleistung geht sogar um fast ein Fünftel zurück. (Tabelle 5.17.). Das Verminderungspotenzial von 83 Mrd. tkm beim Straßengüterfernverkehr wirkt sich am stärksten bei der Bahn aus. Gegenüber dem Trendszenario kann sie noch einmal um 45 Mrd. tkm zulegen. Bezogen auf das Basisjahr 1997 wäre das fast eine Verdoppelung der Verkehrsleistungen. Im „Überforderungsszenario" der BVWP-Prognosen, das aus „Gründen der vermuteten mangelnden politischen und sozialen Akzeptanz und der erwarteten negativen Folgewirkungen auf Wirtschaft und Beschäftigung"[54] verworfen und den weiteren Planungen des BMVBV nicht zugrunde gelegt wurde, sind für die Verkehrsleistungen der Bahn im Jahre 2015 fast 170 Mrd. tkm ermittelt worden. Gemessen hieran sind 140 Mrd. tkm keine Utopie. Da die einzelnen wirtschafts- und verkehrspolitischen, ordnungs- und investitionspolitischen Annahmen des „Überforderungsszenarios" nicht benannt sind, ist es nicht möglich, einen Vergleich der jeweiligen Maßnahmenpakete durchzuführen und gegebenenfalls eine Aussage darüber zu treffen, wie die im hier vorgestellten Nachhaltigkeitsszenario vorgestellten Ergebnisse unter dem Gesichtspunkt der politischen, wirtschaftlichen und sozialen Akzeptanz – gemessen an den Maßstäben der an den BVWP-Prognosen beteiligten Gutachter und des BMVBW – zu beurteilen sind.

---

[54] Vgl. Prognos (2001), S 7.

Tabelle 5.16. Entwicklung des Güterfernverkehrs nach Güterbereichen 1997–2020 – Trend- und Nachhaltigkeitsszenario

	1997	Trend 2020	Nachh. 2020	Veränderungsraten 1997–2020 Trend gesamter Zeitraum	Nachhaltigkeit	Jahres-durchschnitt	Trend 2020/ Nachh. 2020
		Verkehrsaufkommen in Mill. t			in %		
Landw. Erzeugnisse	45,0	61,6	61,0	36,9	35,6	1,3	−1,0
Nahrungs-/Futtermittel	168,9	242,0	238,0	43,3	40,9	1,5	−1,7
Kohle	94,1	82,0	82,0	−12,9	−12,9	−0,6	0,0
Rohöl	1,3	0,8	0,8	−40,0	−38,5	−2,1	2,6
Mineralölprodukte	115,2	133,2	133,0	15,6	15,5	0,6	−0,2
Eisenerze	48,0	37,9	37,9	−21,0	−21,0	−1,0	0,0
NE-Metallerze, Schrott	35,3	38,8	38,8	9,9	9,9	0,4	0,0
Eisen, Stahl, NE-Metalle	118,4	145,3	144,5	22,7	22,0	0,9	−0,6
Steine und Erden	266,4	310,0	305,8	16,4	14,8	0,6	−1,4
Chem.Erz., Düngemittel	135,4	215,1	214,5	58,8	58,4	2,0	−0,3
Investitionsgüter	80,9	144,0	143,4	78,0	77,3	2,5	−0,4
Verbrauchsgüter	287,8	630,0	610,0	118,9	112,0	3,3	−3,2
Insgesamt	1.396,7	2.040,7	2.009,7	46,1	43,9	1,6	−1,5
		Verkehrsleistungen in Mrd. tkm			in %		
Landw. Erzeugnisse	14,2	21,2	20,0	49,5	40,9	1,5	−5,7
Nahrungs-/Futtermittel	46,6	76,4	73,7	64,0	58,2	2,0	−3,5
Kohle	17,3	19,9	19,5	15,3	12,8	0,5	−2,1
Rohöl	0,2	0,2	0,2	−5,9	−1,4	−0,1	4,8
Mineralölprodukte	27,0	35,4	34,8	31,2	28,9	1,1	−1,8
Eisenerze	7,7	8,4	8,2	9,5	6,3	0,3	−3,0
NE-Metallerze, Schrott	7,1	8,9	8,6	25,2	20,8	0,8	−3,5
Eisen, Stahl, NE-Metalle	33,7	47,7	46,2	41,4	37,2	1,4	−3,0
Steine und Erden	53,8	72,1	70,4	33,9	30,8	1,2	−2,3
Chem. Erz., Düngemittel	38,8	67,7	66,1	74,4	70,2	2,3	−2,4
Investitionsgüter	27,9	54,6	53,8	95,6	92,9	2,9	−1,4
Verbrauchsgüter	96,3	229,0	215,1	137,8	123,4	3,6	−6,1
Insgesamt	370,6	641,5	616,7	73,1	66,4	2,2	−3,9
		Durchschnittl. Transportweite in km			in %		
Landw. Erzeugnisse	316	345	328	9,2	4,0	0,2	−4,8
Nahrungs-/Futtermittel	276	316	310	14,5	12,3	0,5	−1,9
Kohle	184	243	238	32,3	29,5	1,1	−2,1
Rohöl	154	241	246	56,8	60,2	2,1	2,2
Mineralölprodukte	234	266	262	13,5	11,6	0,5	−1,6
Eisenerze	160	222	216	38,7	34,6	1,3	−3,0
NE-Metallerze, Schrott	201	229	221	13,9	9,9	0,4	−3,5
Eisen, Stahl, NE-Metalle	285	328	320	15,2	12,4	0,5	−2,4
Steine und Erden	202	232	230	15,1	14,0	0,6	−1,0
Chem.Erz.,Düngemittel	287	315	308	9,8	7,5	0,3	−2,1
Investitionsgüter	345	379	375	9,9	8,8	0,4	−0,9
Verbrauchsgüter	335	363	353	8,6	5,4	0,2	−3,0
Insgesamt	265	314	307	18,5	15,6	0,6	−2,4

Quellen: BVU, ifo, ITP, PLANCO, Prognos, Berechnungen des DIW Berlin.

Tabelle 5.17. Entwicklung des Güterverkehrs nach Verkehrsträgern und Hauptverkehrsbeziehungen 1997–2020 – Trend- und Nachhaltigkeitsszenario

		Trend	Nachh.	Veränderungsraten 1997–2020		Nachh. 2020/ Trend 2020
				Trend	Nachhaltigkeit	
	1997	2020	2020	gesamter Zeitraum	Jahresdurchschnitt	
	Verkehrsaufkommen in Mill. t			in %		
Eisenbahn	295	319	446	8,2	51,2	1,8	39,7
dar. Kombinierter Verkehr	34	69	94	105,7	178,9	4,6	35,6
Straßengüterfernverkehr	869	1 419	1 225	63,3	41,0	1,5	–13,7
Binnenschifffahrt	234	303	339	29,7	45,2	1,6	11,9
Fernverkehr insgesamt	1397	2041	2 010	46,1	43,9	1,6	–1,5
Straßengüternahverkehr	2324	2725	2785	17,3	19,8	0,8	2,2
nachrichtlich: Straßengüterverkehr	3193	4144	4010	29,8	25,6	1,0	–3,2
Verkehr insgesamt	3721	4766	4795	28,1	28,9	1,1	0,6
Binnenverkehr	874	1070	1054	22,4	20,5	0,8	–1,5
Grenzüberschr. Versand	188	362	355	92,8	89,3	2,8	–1,8
Grenzüberschr. Empfang	264	458	449	73,0	69,9	2,3	–1,8
Transit	71	151	151	114,5	114,4	3,4	0,0
	Verkehrsleistungen in Mrd. tkm			in %		
Eisenbahn	73	95	140	30,1	92,0	2,9	47,6
dar. Kombinierter Verkehr	15	31	44	108,4	195,9	4,8	42,0
Straßengüterfernverkehr	236	454	371	92,7	57,3	2,0	–18,4
Binnenschifffahrt	62	93	106	49,1	70,7	2,4	14,5
Fernverkehr insgesamt	371	642	617	73,1	66,4	2,2	–3,9
Straßengüternahverkehr	67	85	91	28,4	37,4	1,4	7,0
nachrichtlich: Straßengüterverkehr	302	540	462	78,6	52,9	1,9	–14,4
Verkehr insgesamt	437	727	708	66,3	62,0	2,1	–2,6
Binnenverkehr	197	271	260	37,7	32,0	1,2	–4,1
Grenzüberschr. Versand	55	121	114	118,9	107,6	3,2	–5,1
Grenzüberschr. Empfang	73	148	140	101,5	91,3	2,9	–5,1
Transit	45	102	102	125,8	125,7	3,6	0,0

Quellen: BVU, ifo, ITP, PLANCO, Prognos, Berechnungen des DIW.

Aus den Verlusten des Straßengüterfernverkehrs resultiert für die Binnenschifffahrt im Saldo nur ein deutlich geringerer Zuwachs von 13 Mrd. tkm, dies entspricht einem Anstieg der Verkehrsleistungen von knapp 15 %. Allerdings sind die Verkehrsgewinne der Binnenschifffahrt im Trendszenario, die aus den entsprechenden BVWP-Prognosen abgeleitet worden sind, schon außerordentlich hoch. Die Steigerungsrate ist hier deutlich höher als bei der Bahn. Anders als bei der Bahn werden im Nachhaltigkeitsszenario für die Binnenschifffahrt daher keine Verkehrsverlagerungen in einem nennenswerten Ausmaß mehr erwartet.

Beim Straßengüternahverkehr sind sowohl beim Verkehrsaufkommen als auch bei den Verkehrsleistungen Zunahmen gegenüber dem Trendszenario zu verzeichnen. Alternativen zum Straßenverkehr sind praktisch nicht vorhanden, Bahn und Binnenschifffahrt sind keine Verkehrsmittel für die Feinverteilung. Die Steigerungen im Nahverkehr auf der Straße resultieren aus den Verlagerungen vom Straßengüterfernverkehr zu Bahn und Binnenschifffahrt. Verkehrsverlagerungen ziehen häufig einen Vor- und/oder Nachlauf auf der Straße nach sich.

Hinsichtlich der Hauptverkehrsbeziehungen (Binnenverkehr, grenzüberschreitender Versand und Empfang, Transit) werden auf den grenzüberschreitenden Relationen etwas größere Rückgänge als im Binnenverkehr erwartet.

Die Eisenbahn, die im Trendszenario gegenüber der Ausgangssituation 1997 noch erhebliche Verkehrsanteile verliert, kann ihre Verkehrsanteile demgegenüber unter den Rahmenbedingungen des Nachhaltigkeitsszenarios deutlich verbessern (Tabelle 5.18.). Ihr Anteil beim Aufkommen steigt auf ein Zehntel, bei den Verkehrsleistungen erreicht die Bahn einen Marktanteil von einem Fünftel. Beim gesamten Straßengüterverkehr, der unter „Status quo"-Bedingungen bei den Tonnenkilometern seinen Marktanteil auf etwa drei Viertel steigern kann, sinkt der Verkehrsanteil auf zwei Drittel.

Aus der Entwicklung der durchschnittlichen Transportweiten wird deutlich, dass Bahn und Binnenschifffahrt die Straße vor allem auf den längeren (grenzüberschreitenden) Relationen ersetzen. Während die entsprechenden Werte bei Bahn und Binnenschifffahrt auf jeweils 313 km zunehmen, geht die durchschnittliche Transportentfernung im Straßengüterfernverkehr um mehr als 5 % auf 303 km zurück.

5 Verkehrsentwicklung im Nachhaltigkeitsszenario

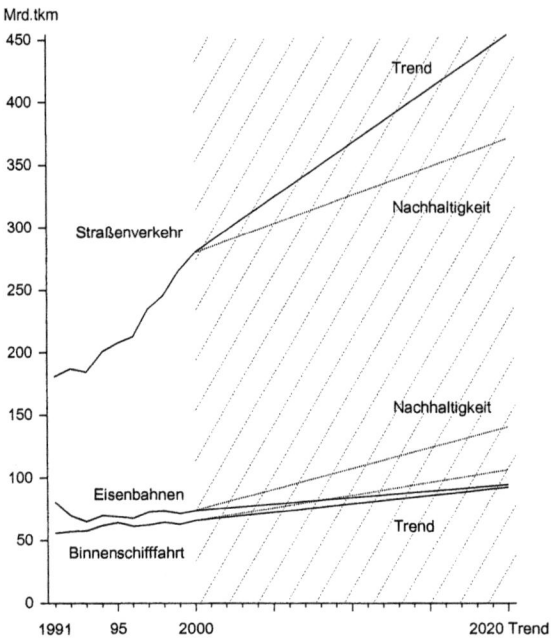

Quellen: BVU, ifo, ITP, PLANCO, Berechnungen des DIW Berlin.

Abb. 5.4. Verkehrsleistungen im Güterfernverkehr

Tabelle 5.18. Anteile und Transportweiten im Güterverkehr nach Verkehrsträgern und Hauptverkehrsbeziehungen 1997 und 2020 – Trend- und Nachhaltigkeitsszenario

	1997	2020 Trend	2020 Nachh.	1997	2020 Trend	2020 Nachh.	1997	2020 Trend	2020 Nachh.
	Verkehrsaufkommen Anteile in %			Verkehrsleistung Anteile in %			∅ Transportweite in km		
Eisenbahn	7,9	6,7	9,3	16,7	13,0	19,7	247	297	313
dar. Kombinierter Verkehr	0,9	1,5	2,0	3,4	4,2	6,2	439	445	466
Straßengüterfernverkehr	23,3	29,8	25,5	53,9	62,5	52,3	271	320	303
Binnenschifffahrt	6,3	6,4	7,1	14,2	12,8	15,0	266	306	313
Fernverkehr insgesamt	37,5	42,8	41,9	84,8	88,3	87,1	265	314	307
Straßengüternahverkehr	62,5	57,2	58,1	15,2	11,7	12,9	29	31	33
nachrichtlich: Straßengüterverkehr	85,8	86,9	83,6	69,1	74,2	65,3	95	130	115
Verkehr insgesamt	100,0	100,0	100,0	100,0	100,0	100,0	117	153	148
Binnenverkehr	23,5	22,5	22,0	45,1	37,3	36,7	225	253	247
Grenzüberschr. Versand	5,0	7,6	7,4	12,6	16,6	16,2	294	333	322
Grenzüberschr. Empfang	7,1	9,6	9,4	16,8	20,3	19,8	278	323	312
Transit	1,9	3,2	3,2	10,3	14,0	14,4	639	672	672

Quellen: BVU, ifo, ITP, PLANCO, Prognos, Berechnungen des DIW Berlin.

5.2.4.3 Fahrleistungen

Wichtige Eckgrößen für die Ableitung der Umweltbelastungen des Straßengüterverkehrs sind in dieser Untersuchung die Fahrleistungen. Die Fahrleistungen lassen sich prognostisch aus der Entwicklung des Fahrzeugbestandes, der Verkehrsleistungen (tkm) und dem durchschnittlichen Auslastungsgrad der Fahrzeuge bestimmen.

Es wird angenommen, dass die Auslastung sich im Trendszenario – durch intensives TK-gestütztes Flottenmanagement und auch aufgrund erhöhter Verkehrsdichte auf den Straßen - um etwa 10 % erhöht, so dass die Steigerungsrate der Fahrleistungen des Fernverkehrs unter der liegt, die für die Verkehrsleistungen prognostiziert (2020/1997: 92,7 % bei den tkm; 68,9 % bei den Fahrleistungen) worden sind (Tabelle 5.19.). Im Nachhaltigkeitsszenario führen die Verkehrsverlagerungen, die Transportvermeidungseffekte sowie die höhere Auslastung der Lkw zu einer erheblichen Reduktion der Fahrleistungen. Per Saldo werden die Fahrleistungen zwar auch unter den Nachhaltigkeitsbedingungen immer noch knapp ein Viertel über dem Basiswert 1997 liegen, dennoch ist die Abnahme im Fernverkehr gegenüber dem Trend-Szenario um mehr als ein Viertel beträchtlich.

Tabelle 5.19. Entwicklung des Straßengüterverkehrs 1997–2020 – Trend- und Nachhaltigkeitsszenario

	1997	Trend 2020	Nachh. 2020	Veränderungsraten 1997–2020 Trend gesamter Zeitraum	Nachhaltigkeit gesamter Zeitraum	Jahresdurchschnitt	Nach. 2020/ Trend 2020
		Verkehrsaufkommen in Mill. t			in %		
Straßengüterfernverkehr	869	1419	1225	63,3	41,0	1,5	–13,7
Straßengüternahverkehr	2324	2725	2785	17,3	19,8	0,8	2,2
Insgesamt	3193	4144	4010	29,8	25,6	1,0	–3,2
		Verkehrsleistungen in Mrd. tkm			in %		
Straßengüterfernverkehr	236	454	371	92,7	57,3	2,0	–18,4
Straßengüternahverkehr	67	85	91	28,4	37,4	1,4	7,0
Insgesamt	302	540	462	78,6	52,9	1,9	–14,4
		Fahrleistungen in Mrd. tkm			in %		
Lastkraftwagen	54,6	70,3	64,0	28,8	17,2	0,7	–9,0
Sattelzugmaschinen	10,6	21,2	15,0	100,0	41,5	1,5	–29,2
Güterverkehr	65,2	91,5	79,0	40,3	21,2	0,8	–13,7
Fernverkehr	21,2	35,8	26,3	68,9	24,1	0,9	–26,5
Übriger Güterverkehr	44,1	55,7	52,7	26,3	19,5	0,8	–5,4

Quellen: BVU, ifo, ITP, PLANCO, Prognos, Berechnungen des DIW Berlin.

108   5 Verkehrsentwicklung im Nachhaltigkeitsszenario

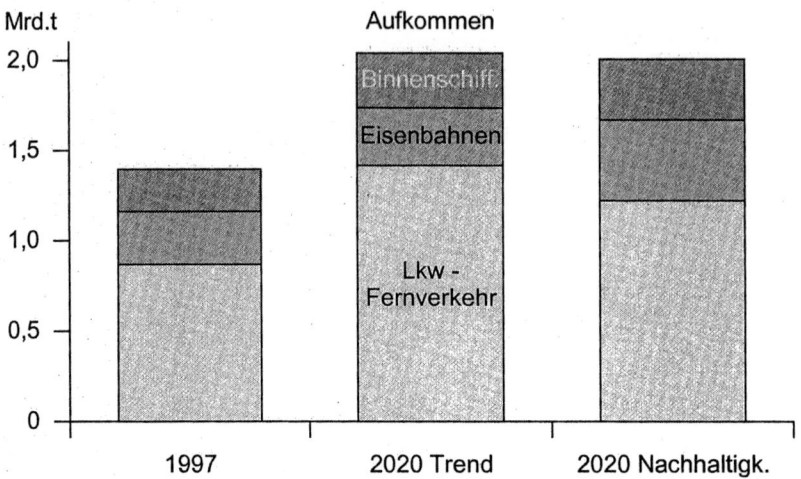

Quellen: BVU, ifo, ITP, PLANCO, Berechnungen des DIW Berlin

Abb. 5.5. Güterverkehr in Deutschland im Jahre 1997 und in den Szenarien 2020 Trend und Nachhaltigkeit – Verkehrsaufkommen

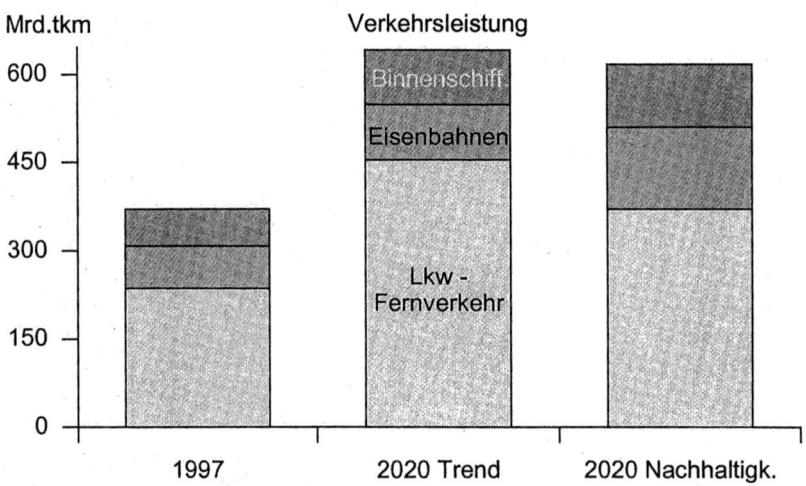

Quellen: BVU, ifo, ITP, Planco, Berechnungen des DIW

Abb. 5.6. Güterverkehr in Deutschland im Jahre 1997 und in den Szenarien 2020 Trend und Nachhaltigkeit – Verkehrsleistung

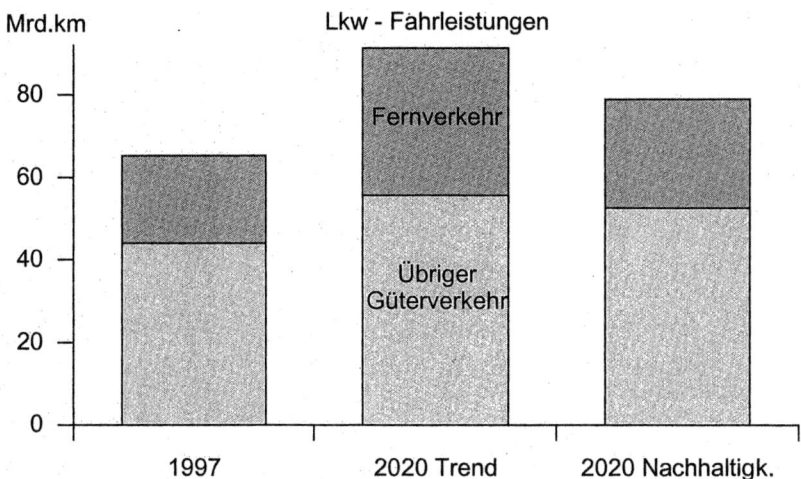

Quellen: BVU, ifo, ITP, Planco, Berechnungen des DIW

Abb. 5.7. Güterverkehr in Deutschland im Jahre 1997 und in den Szenarien 2020 Trend und Nachhaltigkeit – Lkw-Fahrleistungen

6 Luftverkehr

6.1 Vorbemerkungen

Die hier vorgestellten Ergebnisse für den Luftverkehr orientieren sich weitestgehend an einer Studie, die im Auftrag des Umweltbundesamtes erstellt wurde.

In diesem Forschungsvorhabens sind nichttechnische Maßnahmen zur Verringerung der aus dem Luftverkehr resultierenden Schadstoffbelastungen untersucht worden.[1] Basisjahr dieser Untersuchung war das Jahr 1995, der Projektionszeitraum reichte ebenfalls bis zum Jahr 2020. Die in jener Studie zu Grunde gelegten Maßnahmen wurden hier im vollen Umfang übernommen. Wegen der in beiden Forschungsvorhaben unterschiedlichen Basisjahre (1995 vs. 1997) sowie voneinander abweichenden Referenz- bzw. Trendprognosen (DIW Berlin basierend auf DFS/DLR[2] vs. BVWP-Prognosen) werden hier die relativen Veränderungen, die sich 2020 in der UBA-Studie für Verkehrsaufkommen und -leistungen aufgrund der Einführung eines umfassenden Maßnahmebündels ergaben, auf die fortgeschriebene BVWP-Trendprognose 2020 gelegt.

Am UBA-Projekt waren drei Institute beteiligt: TÜV Rheinland Sicherheit und Umweltschutz GmbH (TSU) hatte die Projektleitung und führte die Verbrauchs- und Emissionsrechnungen durch. Vom Wuppertal Institut (WI) sind die möglichen Maßnahmen definiert, operationalisiert und qualitativ bewertet worden. Arbeitsschwerpunkt des Deutschen Instituts für Wirtschaftsforschung (DIW Berlin) waren die Untersuchungen zur Nachfrageentwicklung einschließlich der Berechnung der quantitativen Maßnahmewirkungen. Die Vereinbarkeit der vorgeschlagenen Maßnahmen mit deutschem, europäischem und internationalem Recht wurde von der For-

---

[1] TÜV Rheinland Sicherheit und Umweltschutz GmbH (TSU), Deutsches Institut für Wirtschaftforschung (DIW Berlin), Wuppertal Institut (WI) und Forschungsstelle für Europäisches Umweltrecht an der Universität Bremen (2001).
[2] Vgl. DFS/DLR (1997).

schungsstelle für Europäisches Umweltrecht an der Universität Bremen (Prof. G. Winter) beurteilt.

6.2 Ausgangssituation

Der Luftverkehr ist in den vergangenen Jahrzehnten erheblich stärker gewachsen als die anderen Verkehrsarten. Mit dieser Zunahme war ein erheblicher Anstieg der Luftschadstoffemissionen verbunden, trotz der Erfolge der Luftfahrtindustrie, durch organisatorische und operationelle Maßnahmen sowie durch technische Verbesserungen der Triebwerke und des Fluggeräts den spezifischen Treibstoffverbrauch und die spezifischen Schadstoffemissionen zu senken.

Wenn es nicht zu einer Veränderung der fiskalischen und ordnungspolitischen Rahmenbedingungen kommt, dürfte sich diese Entwicklung fortsetzen. Im grenzüberschreitenden Verkehr – fast 85 % des gesamten Flugverkehrs – wird keine Mehrwertsteuer erhoben. Der Flugkraftstoff wird generell (weltweit) nicht mit der Mineralölsteuer belastet. Für beide Ausnahmetatbestände gibt es keine ökonomischen Begründungen. Die aktuellen konjunkturell und politisch bedingten Friktionen und Rückgänge im Luftverkehr dürften unter den derzeitigen Rahmenbedingungen nur vorübergehender Natur sein. Die fortschreitende Liberalisierung der Luftverkehrsmärkte wird zu einer weiteren Erhöhung des Wettbewerbs- und Preisdrucks beitragen und damit der ohnehin latent vorhandenen Luftverkehrsnachfrage zusätzliche Impulse verleihen. Die zu erwartenden Steigerungsraten werden nicht nur die Kapazitätsprobleme der Luftverkehrsstraßen und der Flughäfen erheblich verschärfen, sondern auch die Umweltprobleme.

Weltweit hatte der Luftverkehr im Jahr 1997 einen Anteil von etwa 2 % am gesamten Primärenergieverbrauch, in Deutschland lag dieser Anteil auf gleicher Höhe. Mehr als ein Viertel der weltweiten Verkehrsleistung (Passagierkilometer) entfiel auf Flüge innerhalb der USA und Kanadas, jeweils ein Achtel auf kontinentale Flüge in Asien und Europa. Der Anteil des Interkontinentalverkehrs betrug zwei Fünftel. Die aufkommensstärkste Interkontinentalrelation war die Nordatlantikverbindung zwischen Europa und Nordamerika. Mit deutlichem Abstand folgten die Flüge zwischen Nordamerika und Mittel- und Südamerika. Der Nordatlantikverkehr hatte, gemessen in Passagierkilometern, die gleiche Größenordnung wie der gesamte innereuropäische Luftverkehr.

Wenn die Bemühungen um eine Reduzierung der Emissionen im Luftverkehr Erfolg haben sollen, müssen somit auch die Strecken über internationalen Gebieten einbezogen werden. Zur verursachergerechten Zuordnung dieser Strecken sind unterschiedliche Prinzipien denkbar, etwa nach der Nationalität der Fluggesellschaft oder nach der der Passagiere. Als ausreichend verursachergerecht und zugleich praktikabel kann das Standortprinzip angesehen werden, das Verbrauch und Emissionen des gesamten Fluges dem Land des Startortes zuordnet[3].

6.3 Trendprognose für den Passagierluftverkehr und den Luftfrachtverkehr

Für die „Status-quo"-Entwicklung wird vom Trendszenario im BVWP-Gutachten ausgegangen. Die bei weitem größte Steigerung unter den Verkehrsarten hat danach der Luftverkehr aufzuweisen, dessen Leistungen auf mehr als das Zweieinhalbfache zunehmen.

Der innerdeutsche Verkehr wird, ähnlich wie bisher, unterdurchschnittlich expandieren, während auf den grenzüberschreitenden Relationen noch ein kräftiges Plus zu erwarten ist. Beim Luftfrachtaufkommen wird bis 2020 eine mittlere jährliche Zunahme um mehr als 5 % erwartet. Bezogen auf 1997 wird sich das Aufkommen bis 2020 mehr als verdreifachen.

6.4 Nachhaltigkeitsszenario

6.4.1 Maßnahmen im Nachhaltigkeitsszenario

Im Verlauf der Untersuchung für das UBA wurden eine Reihe von Maßnahmen diskutiert, die geeignet scheinen, die Öko-Bilanz des Luftverkehrs entscheidend zu verbessern. Die Verminderung der vom Luftverkehr bewirkten Emissionen kann grundsätzlich durch den Einsatz emissionsärmerer Technik, durch operative Änderungen (Flughöhen, Flugrouten, Auslastungssteigerung etc.) sowie durch die Verminderung der Nachfrage nach Leistungen des Luftverkehrs erreicht werden. Maßnahmen und Instrumen-

---

[3] Eine Flugreise von Deutschland nach Spanien würde damit je zur Hälfte Deutschland (Hinflug) und Spanien (Rückflug) zugerechnet. Für Deutschland wurden in der UBA-Studie die Verkehrsleistungen und Emissionen zusätzlich auch nach dem an der Verkehrsinfrastrukturbelastung orientierten Territorialprinzip berechnet.

te zur Beeinflussung der Emissionen wirken auf diese Determinanten je nach Typ und Ausgestaltung in unterschiedlicher Weise. Ordnungsrechtliche Maßnahmen, die sich – wie etwa Emissionsgrenzwerte für Flugzeuge – nur auf die Technik auswirken, wurden im Rahmen dieses Projektes nicht betrachtet. Im Folgenden werden wichtige mögliche Maßnahmen kurz skizziert.

Ordnungspolitische Maßnahmen

Eine ordnungsrechtliche Maßnahme mit relativ großer Eingriffstiefe wäre die vielfach diskutierte Einschränkung des Kurzstreckenverkehrs. Bei Relationen mit Distanzen bis 500 km bzw. bis 800 km sind vielfach Alternativen zum Luftverkehr vorhanden. Bei Energieverbräuchen und Emissionen ist wegen der kurzen Strecken allerdings nur eine geringe Minderung zu erzielen. Auch aufgrund der mit der Ausgestaltung der Maßnahme verbundenen Unwägbarkeiten, insbesondere der rechtlichen Problematik (z.B. Entschädigungszahlungen) wurde die ordnungsrechtliche Begrenzung der Kurzstreckenflüge nicht weiter verfolgt.

Fiskalpolitische Maßnahmen

Eine Kerosinsteuer analog zur Mineralölsteuer für Kraftfahrzeuge würde die Betankung verteuern und damit die Betriebskosten erhöhen. Die Realisierung solcher Maßnahmen ist jedoch nicht einfach, da der internationale Luftverkehr auf bilateralen Abkommen beruht, die faktisch alle eine Steuerfreiheit vorsehen und somit geändert werden müssten.

Die Erhebung einer Emissionsabgabe bei jeder Landung könnte dagegen ohne Änderung dieser Abkommen erfolgen, wenn sie allgemein eingeführt würde, also keine Nation oder Fluggesellschaft benachteiligt wäre. So wird eine emissionsabhängige Landegebühr in Zürich erhoben. Sie bezieht sich allerdings nur auf die Emissionen in Flughafennähe (LTO-Zyklus), während die hier untersuchte Abgabe zusätzlich einen flugzeugspezifischen Emissionssatz für den Reiseflug umfassen soll, also die gesamte Flugstrecke vom Start bis zur Landung berücksichtigt.

Allen Maßnahmen ist gemeinsam, dass die gesamte Flugstrecke in und außerhalb Europas berücksichtigt wird, sei es beim Tanken, also vor dem Start in Europa, oder bei der Abgabeerhebung, also bei der Landung. Die Maßnahmen treffen alle Fluggesellschaften im Verkehr mit Europa, nicht nur die europäischen Gesellschaften. Weiter wird angenommen, dass über entsprechende bilaterale Abkommen die Einführung im gesamten Europa gewährleistet ist, in der Europäischen Union wie in den benachbarten europäischen Ländern. Nur so können Ausweichreaktionen der Passagiere und Fluggesellschaften weitgehend vermieden werden.

Soft-Policies

Soft-Policies können zusätzlich die Akzeptanz von Maßnahmen mit größerer Eingriffsintensität verbessern. Innerhalb der Soft-Policies ist zu unterscheiden zwischen freiwilligen Vereinbarungen und Public-Awareness Maßnahmen. Selbstverpflichtungserklärungen der Luftverkehrsunternehmen könnten die Bereitschaft erhöhen, den Luftverkehr anbieterseitig stärker nach ökologischen Gesichtspunkten zu optimieren. Bei der Festlegung von freiwilligen Vereinbarungen wäre darauf zu achten, dass bestimmte Voraussetzungen wie die stringente Festlegung und Quantifizierung von Zielen, eine rechtliche Bindung sowie das Monitoring von Entwicklungen und die Sanktionierung von Zielverfehlungen gewährleistet werden.

Im Rahmen der UBA-Studie hatten die fiskalpolitischen Maßnahmen die größte Bedeutung. Kerosinsteuer und Emissionsabgabe wurden in jeweils zwei Intensitätsstufen betrachtet. Die niedrige Variante[4] der Kerosinsteuer orientiert sich an den durchschnittlichen Mineralölsteuersätzen für Dieseltreibstoff im Straßenverkehr der EU. Die Steuer würde 2002 europaweit mit 0,04 Euro/l eingeführt und stiege bis 2010 jährlich um diesen Betrag, so dass sich für 2010 ein realer Kerosinpreis (zu Preisen von 2000) von 0,90 Euro/l ergäbe. Bis zum Prognosejahr 2020 sind keine weiteren Steuererhöhungen unterstellt worden. Wegen der erwarteten autonomen relativen Preissteigerungen bei Kerosin beträgt der durchschnittliche Literpreis dann rund 1 Euro real.[5] Die moderate Emissionsabgabe würde ebenfalls schrittweise eingeführt und gleichermaßen auf den CO_2- und den NO_x-Ausstoß erhoben. Bei gleicher Emissionsstruktur der Flugzeugflotte wie 1995 führt eine Belastung, die der niedrigen Kerosinsteuer entspricht, im Jahr 2010 zu einem Satz von 0,06 Euro je kg CO_2 und 13,70 Euro je kg NO_x.

Die Variante einer hohen Kerosinsteuer lässt den Literpreis für in Europa getankten Flugkraftstoff von 2002 bis 2010 auf real 1,79 Euro steigen. Die Emissionsabgabe auf den CO_2- und NO_x-Ausstoß, die in ihrer Höhe

---

[4] Die zu betrachtenden Maßnahmen wurden von den Projektbeteiligten gemeinsam festgelegt, die Operationalisierung erfolgte durch das Wuppertal Institut.
[5] Für den Kerosinbasispreis ohne Mineralölsteuer wird ein relativer Anstieg von 11,2 Cent/l in 1995 (real, Preisbasis 2000) auf 15,9 Cent/l bis 2010 und 21,5 Cent/l bis 2020 unterstellt.

den Belastungen aus der hohen Kerosinsteuer entspricht, bedeutet 0,32 Euro je kg CO_2 und 76,70 Euro je kg NO_x in 2010.

Zusätzlich wurde ein Maßnahmenbündel betrachtet, das sowohl die Einführung der hohen Emissionsabgabe als auch die niedrige Kerosinsteuer im Zeitraum 2002 bis 2010 vorsieht. Die hier im Rahmen des Nachhaltigkeitsszenarios vorgestellten Ergebnisse beziehen sich ausschließlich auf dieses Maßnahmenbündel „niedrige Kerosinsteuer, hohe Emissionsabgabe".

6.4.2 Ergebnisse für das Nachhaltigkeitsszenario

Die untersuchten preislichen Maßnahmen wirken sich nicht unmittelbar auf die Nachfrage nach Luftverkehrsleistungen aus:

- Die *Mineralölindustrie* könnte die Preise für ihre anderen Produkte erhöhen, um den Kerosinpreis zu stützen und einen Nachfragerückgang zu vermeiden.
- Die *Flugzeug- bzw. Triebwerkshersteller* werden auf Druck der Airlines und auch, um ihre Absatzmärkte nicht wegbrechen zu lassen, verstärkt Anstrengungen unternehmen, die Energieeffizienz der Flugzeuge zu verbessern (Aerodynamik, Gewicht, Triebwerke). Jährliche Effizienzverbesserungen von 1 bis 2 % werden für erreichbar gehalten.
- Die *Airlines* werden mittel- und langfristig aus eigenen wirtschaftlichen und wettbewerblichen Erwägungen heraus bestrebt sein, die Erhöhung der Kerosinpreise durch Senkung der übrigen Betriebskosten zu kompensieren. Die Kosten können reduziert werden durch Erhöhung der Auslastung und höhere Sitzplatzdichte; durch Kauf und Einsatz energieeffizienteren Fluggeräts (einschließlich re-engineering) oder durch operationelle Maßnahmen („flight management", „improved routing", Energieeinsparung am Boden).
- Die *Flugsicherungsbehörden* können durch ein vereinheitlichtes Flugsicherungssystem (Eurocontrol) ebenfalls noch nennenswerte Sparpotenziale mobilisieren. Eine verbesserte Flugsicherung führt zu direkteren Wegen und weniger Warteschleifen.

In einem Nachfrage-Reaktionsmodell des DIW Berlin wurden die vielfältigen Kompensationsmöglichkeiten analysiert. Es zeigte sich, dass 5 % bis 15 % der abgabebedingten Kostenerhöhung durch Reaktionen, die über die im Trend ohnehin zu erwartenden weiteren Rationalisierungsmaßnahmen hinausgehen, aufgefangen werden können.

6.4 Nachhaltigkeitsszenario

Die Reaktionen der Kunden auf die letztlich verbleibenden Preiserhöhungen wurden mit Hilfe von Preiselastizitäten bestimmt. Nach Maßgabe der verfügbaren Literatur wurde im Geschäftsverkehr mit Elastizitäten von –0,1 (Langstrecken)[6] bis –0,2 (innerdeutscher Verkehr) gerechnet, im Urlaubsverkehr mit Werten von –0,8 (Langstrecke) bis –1,2 (innerdeutsch). Im Geschäftsverkehr sind Flüge über lange Strecken nicht mit anderen Verkehrsmitteln abzuwickeln, es besteht lediglich die Möglichkeit, die Häufigkeit von Reisen (etwa Kongressbesuche) zu reduzieren. Im privaten Verkehr ist die hohe Wertschätzung der Urlaubsreise zu berücksichtigen; die privaten Haushalte sparen eher bei anderen Ausgaben als beim Urlaub. Bei Urlaubsreisen in den Mittelmeerraum, die sich um bis zu 255 Euro pro Person verteuern könnten, ist die größte Nachfragereaktion zu erwarten. Doch ergibt sich selbst hier kein Rückgang, die Nachfrage wird lediglich stagnieren.[7]

Etwa die Hälfte der Luftfracht wird als Zuladung in Passagiermaschinen befördert und durch die Maßnahmen nur unterdurchschnittlich in dem Maße belastet, das aus dem Mehrverbrauch an Treibstoff durch die zusätzliche Beladung resultiert. Für die in reinen Frachtmaschinen beförderten Güter sind niedrige Preiselastizitäten unterstellt worden, da es sich überwiegend um besonders eilbedürftige Güter handelt. Damit weist die Nachfrage im Frachtverkehr auch bei Berücksichtigung der Maßnahmen deutlich höhere Wachstumsraten auf als der Personenverkehr.

Im Maßnahmenbündel dominiert die Wirkung der hohen Emissionsabgabe. Selbst unter den starken Restriktionen dieser Politikvariante wird die Personenverkehrsleistung bis 2020 sich in etwa verzweieinhalbfachen (Standortprinzip). Noch stärker wird die Luftfracht zunehmen. Dies hat im wesentlichen zwei Ursachen: Die starke Zunahme im Trend (z.B. Anstieg der Tonnenkilometer um das Vierfache) kann nur abgeschwächt aber nicht gestoppt werden. Da es vielfach zum Lufttransport bei vorgegebenen Relationen keine Alternative gibt, ist die Reaktion der Kunden (Preiselastizität) nur schwach ausgeprägt. So wachsen die Verkehre auf den Fernstrecken überproportional, lediglich auf den Urlauber-Relationen nach Südeuropa wäre unter den Prämissen des Maßnahmenbündels ein leichter Rückgang der Urlauberzahlen im Vergleich zu 1995 zu verzeichnen. Der zweite

---

[6] Dies bedeutet, dass eine Erhöhung des Preises für das Flugticket um 1 % eine Nachfragereduzierung um 0,1 % bewirkt.
[7] Auf eine tabellarische Darstellung der nach Fahrtwecken, Hauptrelationen und Entfernungsstufen differenzierten Effekte wird hier verzichtet, weil das Zahlengerüst der BVWP-Luftverkehrsprognosen anders aufbereitet ist.

Grund liegt darin, dass die preissteigernde Wirkung der Maßnahmen durch Auffangreaktionen, vor allem durch eine über den Trend hinausgehende Reduzierung des spezifischen Verbrauchs je Tonne Nutzlast, gedämpft wird.

Der Luftverkehr hat weltweit einen erheblichen ökonomischen Stellenwert. Seine Bedeutung liegt allerdings weniger in den sektorspezifischen Beschäftigungswirkungen oder dem jeweiligen Anteil am Bruttoinlandsprodukt, sondern vielmehr in der strategischen Bedeutung für die gesamte Wirtschaft. Der Luftverkehr ermöglicht weltweite, schnelle Geschäftsreiseaktivitäten und Frachtbeförderungen; er ist insofern eine wesentliche Voraussetzung für die Funktionsfähigkeit einer globalisierten Wirtschaft. Von besonderer Bedeutung ist er darüber hinaus für das Tourismusgewerbe.

Der ökonomischen Bedeutung des Luftverkehrs stehen freilich die von ihm verursachten beträchtlichen ökologischen Belastungen gegenüber. In Anbetracht der Gefahr der globalen Klimaerwärmung ist die Sonderstellung der internationalen Verkehre, insbesondere die Abgabefreiheit des Luftverkehrs, immer weniger gerechtfertigt.

In der EU wird schon seit längerem über Abgaben für den Luftverkehr nachgedacht[8]. Technisch-organisatorische Hindernisse stehen dem nicht entgegen; so lassen sich Emissionen, auch diejenigen über internationalem Gebiet, nach dem Standortprinzip hinreichend genau berechnen. Die ökonomischen Implikationen eines solchen europäischen Alleingangs sind zwar nicht zu vernachlässigen, sie erscheinen – insbesondere bei einer schrittweisen Einführung – aber durchaus verkraftbar.

Wegen der Anreize zur Entwicklung verbrauchsgünstigeren Fluggeräts und zur Umrüstung vorhandener Maschinen sind für die Luftfahrtindustrie positive zusätzliche Nachfrageeffekte zu erwarten. Da die Maßnahmen schrittweise eingeführt werden, dürften sich die negativen ökonomischen Effekte auf die internationale Geschäftstätigkeit und den Tourismus (traditionelle Ferienreiseländer innerhalb und außerhalb Europas) in Grenzen halten.

---

[8] Communication From The Commission To The Council, The European Parliament, The Economic And Social Committee And The Committee Of The Regions (1999).

Tabelle 6.1. Passagierluft- und Luftfrachtverkehr 1997–2020 – Trend- und Nachhaltigkeitsszenario

	1997	Trend 2020	Nachh. 2020	Veränderungsraten 1997–2020 Trend gesamter Zeitraum	Nachhaltigkeit	durchschn. jährlich	Nachh. 2020/ Trend 2020
Territorialprinzip		Passagiere			in %		
Beförderte Personen in Mill.	121	300	234	147,9	93,4	2,9	−22,0
Verkehrsleistungen in Mrd. Pkm	36	95	74	163,9	105,6	3,2	−22,0
		Luftfracht			in %		
Beförderte Tonnen in Mill.	1,9	6,4	4,5	242,6	140,9	3,91	−29,7
Verkehrsleistungen in Mrd. tkm	0,9	3,2	2,2	242,6	135,5	3,8	−31,3
Standortprinzip		Passagiere			in %		
Beförderte Personen in Mill.	53	141	113	164,0	111,6	3,3	−19,9
Verkehrsleistungen in Mrd. Pkm	119	385	310	223,5	160,5	4,3	−19,5
		Luftfracht			in %		
Beförderte Tonnen in Mill.	0,9	3,0	2,1	242,5	139,7	3,9	−30,0
Verkehrsleistungen in Mrd. tkm	4,9	17,7	12,9	261,2	163,3	4,3	−27,1

Quellen: BVU, ifo, ITP, PLANCO, DSF/DLR, Berechnungen des DIW.

7 Energieverbrauch und Kohlendioxidemissionen im Personen- und Güterverkehr

Die Emissionen von Kohlendioxid sowie der Verbrauch von erschöpflichen Energieträgern (fossile Brennstoffe, Kernenergie) werden für alle betrachteten Verkehrsysteme für das Basisjahr 1997 sowie für das Jahr 2020 (Trend- und Nachhaltigkeitsszenario) ermittelt.

Dabei werden sowohl die Emissionen während des Betriebes der Fahrzeuge (direkte Emissionen bei der Verbrennung von Kraftstoffen) als auch die Emissionen, die bei den vorgelagerten Prozessen (indirekte Emissionen z.B. bei Herstellung von Kraftstoffen in Raffinerien, Stromerzeugung in Kraftwerken, Exploration und Transporten von Primärenergieträgern) entstehen, berücksichtigt und zusammen als Gesamtemissionen bilanziert. Nicht betrachtet werden Energieverbrauch und Emissionen zur Herstellung der Fahrzeuge und der Infrastruktur.

Für das Basisjahr 1997 wird die durch zahlreiche Statistiken und Untersuchungen abgesicherte Ausgangssituation dargestellt.

Im Trendszenario werden bereits beschlossene Gesetze und getroffene Vereinbarungen sowie die aus heutiger Sicht wahrscheinlichen technischen Änderungen berücksichtigt. Das Nachhaltigkeitsszenario stellt sehr anspruchsvolle Reduktionsziele an den Verbrauch der Verkehrsträger und die Umweltverträglichkeit der Energieversorgung.

Die Berechnungen werden mit *TREMOD* (Transport Emission Estimation Model)[1], durchgeführt. TREMOD wird von ifeu im Auftrag des Umweltbundesamtes seit 1993 entwickelt bzw. fortgeschrieben und laufend aktualisiert. Es bestehen Kooperationsabkommen mit dem Verband der Automobilindustrie, dem Mineralölwirtschaftsverband sowie der Deutschen Bahn. TREMOD stellt mittlerweile das offizielle Instrumentarium

---

[1] Es wird auf die ausführliche Beschreibung des Modells in ifeu (2001) hingewiesen.

der Verkehrsemissionsberechnung in Deutschland dar. Es berücksichtigt alle inländischen Verkehrsträger und baut dabei auf allen wichtigen Basisstatistiken sowie den umfangreichen Untersuchungen zum Verkehrsverhalten und den Emissionsfaktoren auf. Für dieses Projekt wird auf größtmöglichste Kompatibilität zu den aktuellen TREMOD-Parametern Wert gelegt. Dabei werden zusätzliche Szenarien berechnet sowie weitere Einflüsse (z.B. Brennstoffzellenfahrzeuge, Stromerzeugung für das Nachhaltigkeitsszenario) berücksichtigt.

7.1 Berechnungsgrundlagen

Straßenverkehr

Wichtigste Größe für die Ermittlung der CO_2-Emissionen und des Primärenergieverbrauchs ist der Kraftstoffverbrauch der Fahrzeuge. In TREMOD wird der Kraftstoffverbrauch für eine Vielzahl von Fahrzeugschichten (u.a. Hubraumklasse, Antriebsart, Euronorm) je Verkehrssituation ermittelt.

Grundlage für die Berechnung des Kraftstoffverbrauchs des Jahres 1997 sind die Daten des TÜV Rheinland[2], des DIW Berlin[3] sowie die aus den KBA-Statistiken für Neuzulassungen resultierenden Durchschnittsverbräuche im Neuen Europäischen Fahrzyklus (NEFZ) sowie die statistischen Daten der Energiebilanz[4].

Zur Berechnung des zukünftigen Verbrauchs der Fahrzeuge wird der Kraftstoffverbrauch der neuzugelassenen Fahrzeuge für jedes Jahr geschätzt. Unter Berücksichtigung der Lebensdauer der Fahrzeuge, der altersabhängigen jährlichen Fahrleistung und des Anteils der Fahrzeuge mit Klimaanlage wird mit einem in TREMOD implementierten Umschichtungsmodell der durchschnittliche Kraftstoffverbrauch in den Szenarien ermittelt.

Es bestehen heute etliche Aktivitäten, die dazu beitragen, den Durchschnittsverbrauch der Pkw-Flotte deutlich zu senken. Die europäische Automobilindustrie hat sich im Juli 1998 gegenüber der EU verpflichtet, den in Kohlendioxideinheiten ausgedrückten verkaufsgewichteten Verbrauch der Neuzulassungen in Europa (gemessen im NEFZ, ohne Nebenverbrau-

---

[2] TÜV Rheinland (1994) und (1997).
[3] VIZ.
[4] Arbeitsgemeinschaft Energiebilanzen.

cher) bis zum Jahr 2008 auf 140 g CO_2 je km zu reduzieren.[5] Ähnliche Verpflichtungen sind die japanischen und koreanischen Automobilhersteller eingegangen.[6] Es wird davon ausgegangen, dass eine Reihe von Maßnahmen, wie die Verbesserungen der Motoren, die Reduzierung des Fahrzeuggewichts und ein höherer Anteil kleinerer Fahrzeuge dazu beitragen kann, das Ziel von 140 g CO_2/km bis zum Jahr 2008 im Trendszenario zu erreichen.

Die EU[7] wie auch die Bundesregierung (nationales Klimaschutzprogramm)[8] streben für das Jahr 2012 einen Wert von 120 g CO_2 je km an. In Absprache mit dem Umweltbundesamt wird im Trendszenario davon ausgegangen, dass dieser Wert erreicht wird und überdies nach 2012 eine weitere Minderung des Verbrauchs der neuzugelassenen Pkw um 1 % pro Jahr eintritt.

Der heutige Trend bei den Neuzulassungen von Diesel-Pkw wird fortgeschrieben. Damit nimmt der Anteil der Diesel-Pkw an der Fahrleistung von 18 % im Jahre 1997 auf 43 % im Jahre 2020 zu.[9] Mit diesen Annahmen geht der Verbrauch der Diesel-Pkw von 7,6l/100 km auf 4,9 l/100 km, der der Otto-Pkw von 9,0 l/100 km auf 6,0 l/100 km zurück.

Im Nachhaltigkeitsszenario wird eine darüber hinausgehende Reduktion des Kraftstoffverbrauchs angenommen. Bis zum Jahr 2008 entspricht die Entwicklung derjenigen des Trendszenarios. Zwischen 2008 und 2012 werden die CO_2-Emissionen der Pkw-Neuzulassungen auf 90g/km reduziert. Eine weitere Abnahme der CO_2-Emissionen bei den Neuzulassungen von 1 % pro Jahr erfolgt zwischen 2012 und 2020. Mit diesen Annahmen sinkt der durchschnittliche Kraftstoffverbrauch des Diesel-Pkw-Bestandes im Jahr 2020 auf 4,0 l/100 km, und bei den Pkw mit Otto-Motor auf 4,9 l/100 km.

---

[5] ACEA (1998) und ACEA (1999).
[6] JAMA (2000)und KAMA (2000).
[7] Kommission der Europäischen Gemeinschaften (1995) sowie Beschluss des Umweltrates vom 25.6.1996.
[8] Deutscher Bundestag (2000).
[9] Bei diesen Berechnungen werden keine alternativen Kraftstoffe (wie Erdgas, Biokraftstoffe) berücksichtigt. Der Anteil dieser Kraftstoffe ist aus heutiger Sicht gering und wegen der Unsicherheiten in den Daten (Allokationsverfahren) liegt der Fehler dieser vereinfachenden Annahme innerhalb der Bandbreite der anderen Daten. Zudem ist eine genaue Analyse (inkl. vorgelagerter Prozesse) innerhalb dieser Studie nicht möglich.

Zudem wird angenommen, dass ab dem Jahr 2012 verstärkt Fahrzeuge mit alternativen Kraftstoffen in die Flotte eingeführt werden. Stellvertretend für diese alternativen Kraftstoffe und Möglichkeiten der Kohlendioxideinsparung werden Brennstoffzellenfahrzeuge, betrieben mit rein regenerativ hergestelltem Wasserstoff aus Windkraft, berücksichtigt.[10] Aus den Anteilen, die diese Fahrzeuge an den jeweiligen gesamten Pkw-Neuzulassungen haben (von 2 % im Jahr 2012 steigend auf 22 % im Jahr 2020) errechnet sich ein entsprechender Fahrleistungsanteil im Jahr 2020 von 9 %.

Tabelle 7.1. Szenarienannahmen im Straßenverkehr

Straßenverkehr	Trendszenario 2020	Nachhaltigkeitsszenario 2020
Fahrzeugbestände	Zunahme Diesel-Pkw: 43 %	Einführung von Pkw mit Brennstoffzelle ab 2012; Anteil an der Pkw-Fahrleistung 2020: 9 %
Energieverbrauch Pkw	Abnahme der CO_2-Emissionen der Neuzulassungen im NEFZ: bis 2008 auf 140 g/km (ACEA-Zusage) bis 2012 auf 120 g/km (Ziel EU-Ministerrat) danach weitere Abnahme von 1 %/Jahr	Abnahme der CO_2-Emissionen der Neuzulassungen im NEFZ: bis 2008: 140 g/km (wie Trend) bis 2012: 90 g/km danach weitere Abnahme von 1 % pro Jahr
Energieverbrauch leichte Nutzfahrzeuge	Neuzulassungen ab 1997 –1 %/Jahr	wie Basis
Energieverbrauch schwere Nutzfahrzeuge	Neuzulassungen mit EURO 3/4-Norm: –2 % gegenüber EURO 2 EURO 5 (2008): –5 %; danach weitere Abnahme von 0,5 %/Jahr	bis 2008 wie Basis; danach weitere Abnahme um 1 % pro Jahr
Auslastung schwere Nutzfahrzeuge	Erhöhung 1997–2020 um 11 % bei gleichzeitiger Zunahme des Anteils größerer Fahrzeuge (Sattelzüge)	Erhöhung gegenüber 2020 Trend um 5 %

Bei den schweren Nutzfahrzeugen wird im Trendszenario je Gewichtsklasse von einer Minderung des Verbrauchs der Neufahrzeuge mit EURO 3/4-Norm von 2 % gegenüber EURO 2-Fahrzeugen ausgegangen. Bei EURO 5-Fahrzeugen (2008) wird von einer Minderung von 5 % ge-

---

[10] In einem „optimistischen Entwicklungsszenario" der EU (EU 2001) wird folgender Anteil alternativer Kraftstoffe an der Kraftstoffmenge im Jahr 2020 angenommen: Biokraftstoffe 8 %, Erdgas 10 %, Wasserstoff 5 %.

genüber EURO 2-Fahrzeugen ausgegangen. Danach wird eine weitere Abnahme von 0,5 % je Jahr unterstellt. Da sich in diesem Szenario allerdings der Anteil der größeren Fahrzeuge (Sattelzüge) im Bestand erhöht und der Auslastungsgrad der Fahrzeuge und damit auch das Transportgewicht zunimmt, ergibt sich auch eine gegenläufige (steigende) Wirkung für den spezifischen Kraftstoffverbrauch. Gegenüber dem Bezugsjahr 1997 bleibt der durchschnittliche Verbrauch der Klasse der schweren Nutzfahrzeuge nahezu konstant.

Im Nachhaltigkeitsszenario wird bis zum Jahr 2008 die gleiche Entwicklung wie im Trendszenario unterstellt. Anschließend wird eine Minderung von 1 % pro Jahr bei den Neuzulassungen angenommen. Der Auslastungsgrad der Fahrzeuge erhöht sich gegenüber dem Trendszenario um 5 %. Mit diesen Annahmen geht der durchschnittliche Kraftstoffverbrauch der Klasse der schweren Nutzfahrzeuge um ca. 4 % gegenüber dem Trendszenario zurück.

Tabelle 7.2. Mittlerer Kraftstoffverbrauch von Pkw und schweren Nutzfahrzeugen 1997 und 2020 – Trend- und Nachhaltigkeitsszenario

		Basis – 1997	Trend – 2020	Nachhaltigkeit – 2020
Pkw Diesel	l/100 km	7,6	4,9	4,0
Pkw Otto	l/100 km	9,0	6,0	4,9
Pkw Brennstoffzelle	MJ/km			1,3
Schwere Nutzfahrzeuge	l/100 km	31,5	31,2	30,0

Quelle: Annahmen und Berechnungen des ifeu.

Schienenverkehr

Im Schienenverkehr spielen, neben der Änderung des spezifischen Energieverbrauchs[11], der Anteil der Elektro- und Dieseltraktion sowie der Aus-

---

[11] Eine genaue Analyse, wie sich die im Zuge einer deutlichen Erhöhung der Güterverkehrsleistung verändernde Struktur der auf der Schiene transportierten Güter auf den spezifischen Energieverbrauch des Schienengüterverkehrs auswirkt, konnte im Rahmen dieser Untersuchung nicht durchgeführt werden. Tendenziell werden jedoch Güter von der Straße auf die Schiene verlagert werden, die auf der Straße einen geringeren spezifischen Energieverbrauch als der durchschnittliche Straßengüterverkehr aufweisen, während sie auf der Schiene tendenziell zu denjenigen Gütern zu zählen sind, die dort mit eher schlechteren spezifischen Energieverbräuchen anzusetzen sind. Dieser Zusammenhang gilt insbesondere auch für die Binnenschifffahrt.

lastungsgrad eine wichtige Rolle bei der Berechnung der CO_2-Emissionen und des Primärenergieverbrauchs. Zu beachten sind die Änderungen in den Emissionen der vorgelagerten Stromproduktion (siehe Abschnitt Energieproduktion). Die Annahmen für den Schienenverkehr sind in folgender Tabelle zusammengestellt.

Tabelle 7.3. Szenarienannahmen zur Berechnung der CO_2-Emissionen und des Primärenergieverbrauchs im Schienenverkehr

Schienenverkehr	Trendszenario 2020	Nachhaltigkeitsszenario 2020
Auslastungsgrade	keine Veränderung gegenüber 1999	Personennah- und Güterverkehr: Erhöhung um 10 % Personenfernverkehr: +20 %
Anteile der Betriebsarten	Anteile der Elektrotraktion 2020: Güterverkehr: 95 % (1999: 91 %) Personenfernverkehr: 97 % (94 %) Personennahverkehr: 75 % (72 %) Rest jeweils Dieseltraktion	Anteile der Elektrotraktion 2020: Güterverkehr: 96 % Personenfernverkehr: 98 % Personennahverkehr: 80 % Rest jeweils Dieseltraktion
spezifischer Energieverbrauch	Veränderung 2020 gegenüber 1999: Güterverkehr und Rangieren: −10 % Personenfernverkehr: keine Änderung Personennahverkehr: −10 %	Veränderung gegenüber 1999: Güterverkehr/Rangieren: −20 % Personenfernverkehr: −10 % Personennahverkehr: −20 %

Quelle: ifeu.

Binnenschifffahrt

Bei der Binnenschifffahrt wird im Trendszenario eine Verminderung des spezifischen Energieverbrauchs gegenüber 1997 um 5 % angenommen. Im Nachhaltigkeitsszenario wird ein Rückgang des spezifischen Energieverbrauchs von 20 % unterstellt.

Flugverkehr

Entsprechend einer Studie des TÜV Rheinland[12] wird eine Verminderung des spezifischen Kraftstoffverbrauchs im Trendszenario zwischen 1997 und 2020 um 20 % im Inlandsverkehr und um 30 % im grenzüberschreitenden Verkehr angenommen. Dies gilt für alle Verkehrsformen und Verkehrsbeziehungen. Der Auslastungsgrad wird nicht geändert.

---

[12] TÜV Rheinland (1999).

Im Nachhaltigkeitsszenario wird ein Rückgang des spezifischen Energieverbrauchs um 10 % gegenüber dem Trendszenario angenommen. Zudem wird der Auslastungsgrad um 10 % erhöht.

Energieproduktion Kraftstoffe und Strom (Energetische Vorketten)

Die Daten für die Bereitstellung von Kraftstoffen und Strom werden aus TREMOD übernommen. Die Daten für 1997 sind mit den relevanten Statistiken des Umweltbundesamtes und der Energiebilanz abgestimmt.

Die Emissionen und der Primärenergieverbrauch des Bahnstroms im Trendszenario werden in Anlehnung an Prognos[13] modelliert; der spezifische CO_2-Faktor bleibt danach in etwa gleich.[14] Der Berechnung im Nachhaltigkeitsszenario wird das „Solare Langfristszenario"[15] zu Grunde gelegt, was zu einer Verminderung des spezifischen CO_2-Faktors um rund 25 % führt.

Bei der Herstellung des in Brennstoffzellenfahrzeugen verwendeten Wasserstoffs wird das regenerative Szenario (Windkraftstromerzeugung), wie es für die „Verkehrswirtschaftliche Energiestrategie" ermittelt wurde, zu Grunde gelegt.[16]

---

[13] Prognos (1999).
[14] Dabei können die Unwägbarkeiten, die sich durch den Ausstieg aus der Kernenergie und die Substitution durch andere Energieträger ergeben, heute nur sehr grob und in Rahmen dieser Studie keinesfalls präzise abgeschätzt werden. Tendenziell unterliegt die Stromproduktion der Bahn den gleichen Zwängen und Möglichkeiten wie die der öffentlichen Versorgung: Die auslaufende Kernenergie muss durch stärkeren Einsatz von Erdgas, Kohle und möglichst vieler regenerativer Energieträger ersetzt werden. Im Falle der fossilen Energien muss der CO_2-erhöhende Effekt durch Wirkungsgradsteigerungen kompensiert werden. Allerdings ist das Kernkraftwerk Neckarwestheim 2 ein wichtiger Bahnstromlieferant und auch dasjenige mit den längsten Restlaufzeiten (Stilllegung geplant für 2021); daher kann der Ersatz von Kernenergiestrom bei der Deutschen Bahn in etwa parallel zu demjenigen in der öffentlichen Stromversorgung verlaufen, was hier hilfsweise unterstellt wird.
[15] Nitsch (2002).
[16] VES (2001).

7.2 Berechnungsergebnisse

Straßenverkehr

Im Trendszenario werden – trotz einer Zunahme der Fahrleistungen im Straßenverkehr (Personen- und Güterverkehr) um 29 % – die CO_2-Gesamtemissionen im Jahr 2020 nach zwischenzeitlich geringem Anstieg wieder das Niveau von 1997 erreichen. Dies ist besonders auf den Rückgang der CO_2-Emissionen bei den Pkw (–16 %) zurückzuführen. Ihr für diesen Zeitraum angenommener Anstieg der Fahrleistung um 27 % wird durch den unterstellten hohen Rückgang des spezifischen Verbrauchs der Neufahrzeuge mehr als kompensiert.

Die CO_2-Emissionen der schweren Nutzfahrzeuge steigen dagegen zwischen 1997 und 2020 im Trendszenario um 39 % an. Dies entspricht in etwa der Steigerung der Fahrleistung und drückt damit aus, dass in der Klasse der schweren Nutzfahrzeugen – u.a. wegen der Verschiebung zu größeren Fahrzeugen – kaum Minderungen des durchschnittlichen Verbrauchs erzielt werden. Allerdings wird wegen der erhöhten Auslastungsgrade der spezifische Verbrauch (in g CO_2 je tkm) günstiger.

Im Nachhaltigkeitsszenario nehmen die CO_2-Emissionen des Straßenverkehrs gegenüber 1997 um 29 % ab. Die CO_2-Emissionen der Pkw gehen dabei auf fast die Hälfte des Wertes von 1997 zurück – trotz einer Steigerung der Fahrleistung um 4 %. Dies ist Ausdruck der sehr anspruchsvollen Verbrauchsziele in diesem Szenario sowie eines Anteils von 9 % Fahrleistungen mit rein regenerativem Kraftstoff. Wie im Trendszenario nehmen die CO_2-Emissionen der schweren Nutzfahrzeuge – wegen der Zunahme der Fahrleistung und der relativ geringen Minderung des Durchschnittsverbrauchs – gegenüber 1997 zu (14 %), so dass ihr Anteil an den CO_2-Emissionen des Straßenverkehrs von 25 % im Jahr 1997 auf ca. 40 % im Nachhaltigkeitsszenario 2020 steigt.

Tabelle 7.4. Ergebnisse Straßenverkehr 1997 und 2020 –
Trend- und Nachhaltigkeitsszenario

	1997	2020 Trend	2020 Nachhaltigkeit
Fahrleistungen (Mrd. Fzg-km/Jahr)			
Pkw und Zweiräder	539	685	563
Wohnmobile	5	9	7
Busse	4	4	5
Leichte Nutzfahrzeuge [a]	27	40	36
Schwere Nutzfahrzeuge [a]	52	72	61
Gesamter Straßenverkehr [b]	627	809	671
Endenergie [b]			
Dieselkraftstoff (kt/Jahr)	22.800	34.100	26.400
Ottokraftstoff (kt/Jahr)	29.800	18.000	11.100
Wasserstoff (PJ/Jahr)			62
Kohlendioxid (kt/Jahr)			
Pkw und Zweiräder (incl. Wohmmobile)	132.000	111.000	68.800
Busse	3.850	3.550	4.320
Leichte Nutzfahrzeuge [a]	9.390	11.300	10.300
Schwere Nutzfahrzeuge [a]	48.600	67.600	55.200
Gesamter Straßenverkehr [b]	194.000	193.000	139.000
Erschöpfliche Energieträger (PJ/Jahr)			
Pkw und Zweiräder (incl. Wohmmobile)	1.810	1.540	955
Busse	52	49	60
Leichte Nutzfahrzeuge [a]	127	156	142
Schwere Nutzfahrzeuge [a]	657	932	761
Gesamter Straßenverkehr [b]	2.650	2.670	1.920

[a] Incl. sonstige Kfz.
[b] Incl. sonstige Kfz und Wohnmobile.

Quelle: Berechnungen des ifeu.

Schienenverkehr

Im Trendszenario nehmen die CO_2-Gesamtemissionen des Schienenverkehrs gegenüber 1997, trotz der Zunahme der Verkehrsleistung (Personenverkehr +18 %, Güterverkehr +30 %), kaum zu. Im Güterverkehr wird die Erhöhung der Verkehrsleistung durch einen geringeren spezifischen Energieverbrauch, einen höheren Anteil der Elektrotraktion an der Verkehrsleistung sowie Änderungen bei den spezifischen Emissionen der Kraftwerke ausgeglichen. Im Personenfernverkehr nehmen, bedingt durch die Verkehrsleistungserhöhung gegenüber 1997 (48 %), die CO_2-Emissionen zu, während sie im Personennahverkehr sowie bei den Straßen-, Stadt- und U-Bahnen abnehmen. Insgesamt bleiben damit die Kohlendioxidemissionen des Personenverkehrs im Trendszenario gegenüber 1997 konstant.

Tabelle 7.5. Ergebnisse Schienenverkehr 1997 und 2020 – Trend- und Nachhaltigkeitsszenario

	1997	2020 Trend	2020 Nachhaltigkeit
Verkehrsleistung			
Personennahverkehr (Mrd. Pkm)	39,1	38,7	52,1
Personenfernverkehr (Mrd. Pkm)	34,9	51,6	68,5
SSU-Bahnen (Mrd. Pkm)	14,4	13,9	18,6
Personenverkehr Gesamt (Mrd. Pkm)	88,4	104,2	139,2
Güterverkehr (Mrd. tkm)	72,8	94,7	139,8
Endenergie			
Strom (GWh/Jahr)	11.800	13.600	15.200
Diesel (kt/Jahr)	647	477	456
Kohlendioxid (kt/Jahr)			
Personennahverkehr	4.190	3.700	3.410
Personenfernverkehr	1.980	2.940	2.370
SSU-Bahnen	983	846	694
Güterverkehr	2.930	2.980	2.980
Schienenverkehr	10.100	10.500	9.460
Erschöpfliche Energieträger (PJ/Jahr)			
Personennahverkehr	66	51	47
Personenfernverkehr	33	40	32
SSU-Bahnen	17	11	9
Güterverkehr	48	41	41
Schienenverkehr	163	143	129

Quelle: Berechnungen des ifeu.

Im Nachhaltigkeitsszenario steigen die Verkehrsleistungen im Personenverkehr auf der Schiene um rund 60 % an, im Güterverkehr um rund 90 %. Dennoch gehen die CO_2-Gesamtemissionen des Schienenverkehrs um etwa 6 % gegenüber 1997 zurück. Dieses ist in erster Linie eine Folge des unterstellten relativ hohen Einsatzes von regenerativer Energie („Solares Langfristszenario") in der Stromproduktion, aber auch der verbesserten durchschnittlichen Energieverbräuche und der besseren Auslastung.

Binnenschifffahrt

Die Transportleistung im Trendszenario steigt gegenüber 1997 um etwa 55 % an. Wegen der angenommenen Verbesserungen im spezifischen Kraftstoffverbrauch nehmen die Kohlendioxidemissionen um 49 % zu.

Tabelle 7.6. Ergebnisse Binnenschifffahrt 1997 und 2020 – Trend- und Nachhaltigkeitsszenario

	1997	2020 Trend	2020 Nachhaltigkeit
Transportleistung (Mrd. tkm)	62	93	106
Diesel (kt)	620	912	850
CO_2 gesamt (kt)	2.230	3.310	3.090
Erschöpfliche Energieträger (PJ/Jahr)	30	46	43

Quelle: Berechnungen des ifeu.

Im Nachhaltigkeitsszenario steigt die Transportleistung gegenüber dem Trend nochmals um 10 % an. Aufgrund der angenommenen weiteren Verbesserungen des spezifischen Verbrauchs sinken die CO_2-Emissionen trotz dieser Zunahme um 7 % gegenüber dem Trendszenario.

Luftverkehr

Die Verkehrsleistung im Flugverkehr[17], ermittelt nach dem Standortprinzip, nimmt zwischen dem Basisjahr und dem Jahr 2020 im Trendszenario um 224 %, im Nachhaltigkeitsszenario um 160 % zu. Wegen des höheren Anteils von Fernflügen mit einem niedrigeren spezifischen Verbrauch und der Reduktion des spezifischen Verbrauchs der Flugzeugflotte nehmen die Emissionen von Kohlendioxid im Trendszenario mit 139 % gegenüber dem Basisjahr wesentlich weniger zu als die Verkehrsleistung. Auch im Nachhaltigkeitsszenario ergibt sich gegenüber dem Bezugsjahr 1997 eine Steigerung der gesamten Kohlendioxidemissionen (um 52 %), trotz einer weiteren Reduzierung des spezifischen Verbrauchs und einer zusätzlich angenommenen Erhöhung der Auslastung der Flugzeuge.

---

[17] Im Luftverkehr werden im gleichen Flugzeug neben den Personen auch Güter – hauptsächlich als Beifracht – transportiert. Zur Zuordnung des Energieverbrauchs und der Emissionen wurden Allokationsverfahren entwickelt.

Tabelle 7.7. Ergebnisse Flugverkehr 1997 und 2020 – Trend- und Nachhaltigkeitsszenario

	1997	2020 Trend	2020 Nachhaltigkeit
Verkehrsleistung			
- Personenverkehr (Mrd. Pkm)	119	385	310
- Güterverkehr (Mrd. tkm)	4,9	17,7	12,9
Kerosin (kt)	5.910	13.900	8.880
- Personenverkehr	4.820	10.900	7.140
- Güterverkehr	1.080	2980	1.740
CO_2 gesamt (kt)	20.900	49.800	31.800
- Personenverkehr	17.100	39.200	25.600
- Güterverkehr	3.820	10.600	6.220
Erschöpfliche Energieträger (PJ/Jahr)	287	697	445
- Personenverkehr	234	548	357
- Güterverkehr	53	149	87

Anm.: Alle Berechnungen nach dem Standortprinzip.

Quelle: Berechnungen des ifeu.

Gesamtverkehr

Im Trendszenario steigen die gesamten Kohlendioxidemissionen des motorisierten Verkehrs in Deutschland inklusive des von Deutschland ausgehenden Flugverkehrs zwischen 1997 und 2020 um 13 % an. Dieser Anstieg ist fast ausschließlich eine Folge der Zunahme des Lkw- und des Flugverkehrs. Während die Sektoren Straßen- und Schienenverkehr gegenüber 1997 etwa unveränderte Kohlendioxidemissionen aufweisen, der Anstieg des Binnenschiffsverkehrs wegen seiner insgesamt geringen Bedeutung innerhalb des Gesamtverkehrs nicht ins Gewicht fällt, nehmen die Emissionen des Luftverkehrs um 139 % zu.

In der hier gewählten Abgrenzung (Standortprinzip) hatte der Luftverkehr im Jahr 1997 einen Anteil von 9 % an den CO_2-Gesamtemissionen des motorisierten Verkehrs. Dieser Anteil erhöht sich bis 2020 im Trendszenario auf 19 %. Der Anteil des Personenverkehrs auf der Straße an den Kohlendioxidemissionen verringert sich im gleichen Bezugsraum von 60 % auf 45 %, der Anteil des Straßengüterverkehrs erhöht sich von 26 % auf 31 %.

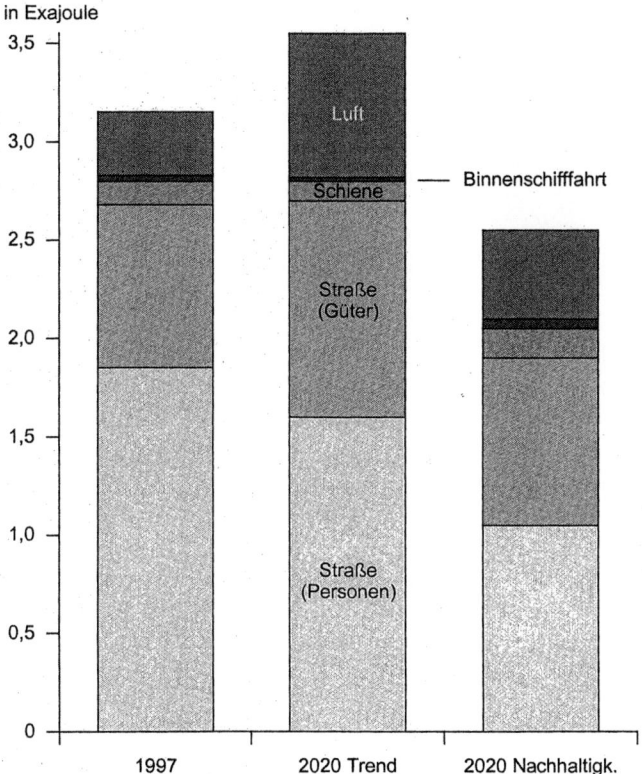

Quelle: Berechnungen des ifeu.

Abb. 7.1. Primärenergieverbrauch (fossil und Kernenergie) des Verkehrs im Jahre 1997 und in den Szenarien 2020 Trend und Nachhaltigkeit

Im Nachhaltigkeitsszenario vermindern sich die gesamten Kohlendioxidemissionen des motorisierten Verkehrs zwischen 1997 und 2020 um 20 %. Dabei wird eine höhere Minderung in einzelnen Sektoren durch den Luftverkehr zum Teil wieder ausgeglichen. So reduzieren sich im Straßenverkehr unter den Randbedingungen des Nachhaltigkeitsszenarios die Kohlendioxidemissionen um knapp 30 %; beim Schienenverkehr nehmen sie angesichts der hohen Zuwachsraten bei den Verkehrsleistungen nur geringfügig ab. Im Luftverkehr steigen sie (um 50 %) dagegen kräftig an.

Damit erhöht der Luftverkehr seinen Anteil an den CO_2-Gesamtemissionen von 9 % im Jahre 1997 auf 17 %. Der Anteil des Personenverkehrs auf der Straße an den Kohlendioxidemissionen verringert sich im gleichen Zeitraum von 60 % auf 40 %; der Anteil des Straßengüterverkehrs erhöht sich von 26 % auf 36 %.

134 7 Energieverbrauch und Kohlendioxidemissionen

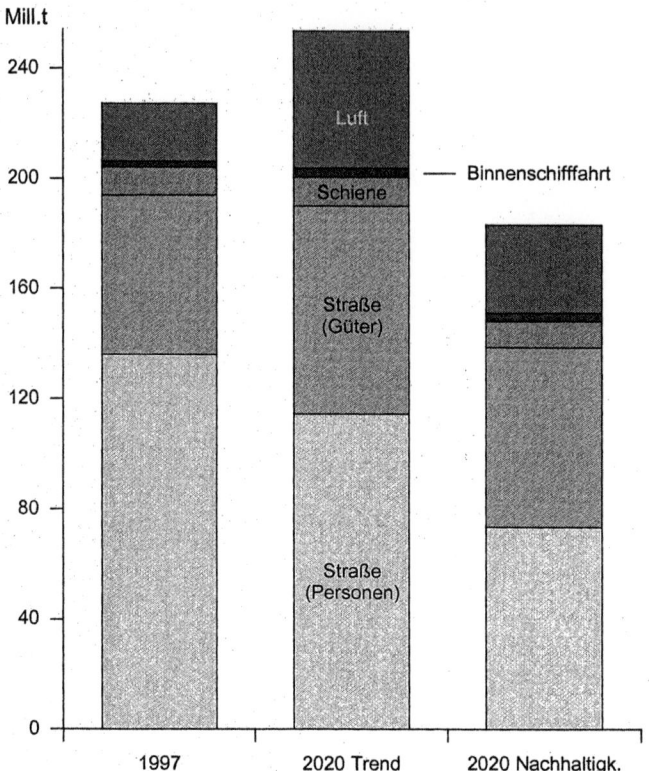

Quelle: Berechnungen des ifeu.

Abb. 7.2. CO_2-Emissionen des Verkehrs im Jahre 1997 und in den Szenarien 2020 Trend und Nachhaltigkeit

8 Zusammenfassung der Szenarienergebnisse und Fazit

Hinter den im Kapitel 7 dargestellten Veränderungen der Kohlendioxidemissionen für das gesamte Verkehrssystem und den einzelnen Verkehrsbereichen stehen jeweils unterschiedliche Entwicklungen im Personen- und im Güterverkehr sowie bei den Verkehrs- bzw. Fahrleistungen und den spezifischen Kraftstoffverbräuchen der Fahrzeugarten. Diese Ergebnisse und die wichtigsten Bestimmungsgrößen sollen im folgenden zusammenfassend dargestellt werden.

Im Trendszenario des Personenverkehrs nehmen die gesamten Verkehrsleistungen von 1997 bis zum Jahr 2020 mit einer jahresdurchschnittlichen Rate von 1,1 % zu. Ihr Wachstum liegt damit unter der bisherigen langfristigen Expansionsrate des Personenverkehrs. Im Vergleich zum Bruttoinlandsprodukt wächst der Personenverkehr nur noch etwa halb so schnell.

Bei den bodengebundenen Verkehrsarten dominiert nach wie vor der motorisierte Individualverkehr (MIV). Zwar nimmt die Ausstattung mit Personenkraftwagen nicht mehr so stark zu wie in der Vergangenheit, jedoch steigen die Verkehrsleistungen der Pkw im Vergleich zu den übrigen Verkehrsarten nach wie vor überproportional. Die Fahrleistungen von Personenkraftwagen und motorisierten Zweirädern nehmen gegenüber 1997 um 27 % zu, gleichzeitig reduziert sich nach den Annahmen der Verbrauchsrechnung der spezifische Kraftstoffverbrauch um 37 %, so dass per Saldo der gesamte Kraftstoffverbrauch und die Emissionen von Kohlendioxid deutlich zurückgehen. Die Emissionen vermindern sich (unter Berücksichtigung von Sonderfahrzeugen) etwa um 16 %. Bei den Omnibussen bleiben die CO_2-Emissionen etwa auf dem Stand von 1997. Im Schienenverkehr ergibt sich ein leichter Zuwachs. Insgesamt ist damit bei den bodengebundenen Personenverkehrsmitteln – trotz deutlich steigenden Fahr- und Verkehrsleistungen – ein Rückgang der CO_2-Emissionen um 15 % festzustellen.

Diese Reduktion wird völlig kompensiert durch das Wachstum des Luftverkehrs. Hier übertrifft die Steigerung der Verkehrsleistungen deutlich die bei den anderen Verkehrsarten, und die daraus abgeleitete Zunahme der Emissionen (Standortprinzip) gleicht die Einsparungen bei den anderen Verkehrsmitteln wieder aus, so dass für den Personenverkehr insgesamt die Emissionen 1997 und 2020 auf der gleichen Höhe liegen.

Im Nachhaltigkeitsszenario des Personenverkehrs sind kräftige – vor allem preispolitische – Eingriffe für den motorisierten Individualverkehr angenommen worden. Diese haben neben Verlagerungen zu anderen Verkehrsarten auch Verkehrsvermeidungseffekte zur Folge. So sind hier die gesamten Verkehrsleistungen um 6 % geringer als in der Trendentwicklung. Dabei ergeben sich unter den bodengebundenen Verkehrsmitteln Reduktionen ausschließlich für den Pkw-Verkehr (um 14 %), während die öffentlichen Verkehrsmittel und der nichtmotorisierte Verkehr Zunahmen in der Größenordnung von etwa einem Drittel aufweisen. Auch die Verkehrsleistungen im Luftverkehr sind gegenüber dem Trend rückläufig, und zwar um 22 %. Für die gesamten CO_2-Emissionen des Personenverkehrs ergibt sich im Vergleich zum Trend ein Rückgang um 35 %. Bei der quantitativ gewichtigsten Verkehrsart, dem motorisierten Individualverkehr, beträgt die Verminderung 38 %. Davon werden etwa zwei Fünftel durch die Fahrleistungsreduktion verursacht, drei Fünftel entfallen auf die Reduktion des spezifischen Verbrauchs und den zu Grunde gelegten Anteil an regenerativen Kraftstoffen.

Gegenüber dem Basisjahr 1997 nehmen die gesamten Verkehrsleistungen im Nachhaltigkeitsszenario mit durchschnittlich 0,8 % p.a. gegenüber 1997 deutlich weniger zu als in der Trendentwicklung. Die Elastizität des Personenverkehrs zum Bruttoinlandsprodukt liegt hier unter 0,5.

Dabei trifft – den Veränderungen gegenüber dem Trend entsprechend – diese Wachstumsverminderung ausschließlich Pkw und Luftverkehr. Die Verkehrsleistungen im motorisierten Individualverkehr erhöhen sich gegenüber dem Jahr 1997 lediglich um 10 %. Die Fahrleistungen nehmen nur noch geringfügig zu. Dieses verminderte Wachstum geht im Nachhaltigkeitsszenario einher mit einer noch stärkeren Absenkung des spezifischen Kraftstoffverbrauchs. Im Vergleich zu 1997 wird hier von einem Rückgang um fast die Hälfte ausgegangen. Zusätzlich wird unterstellt, dass ein gewisser Anteil der Fahrleistungen mit Fahrzeugen erbracht wird, die regenerativ erzeugten Kraftstoff nutzen. Da die Fahrleistungen nahezu stagnieren, reduzieren sich auch Energieverbrauch und CO_2-Emissionen der Personenkraftwagen um etwa die Hälfte.

8 Zusammenfassung der Szenarienergebnisse und Fazit

Bei den Omnibussen wird die starke Steigerung der Verkehrsleistungen (um etwa ein Viertel) nur zum Teil durch verbesserte Kraftstoffnutzung ausgeglichen. Die Zunahme der Kohlendioxidemissionen beträgt hier gut 10 %.

Im Schienenpersonenverkehr nehmen die Leistungen um mehr als die Hälfte zu. Dennoch gehen die CO_2-Emissionen um 10 % zurück. Dies ist vor allem eine Folge des unterstellten relativ hohen Anteils von regenerativ erzeugter Energie in der Stromproduktion, aber auch der angenommenen Verbesserungen bei den durchschnittlichen Energieverbräuchen und der Auslastung.

Im bodengebundenen Verkehr sind damit die CO_2-Emissionen um 44 % geringer als 1997.

Ein gewisser Ausgleich erfolgt hier wiederum durch den Luftverkehr, der auf Grund seiner besonders kräftigen Steigerung der Verkehrsleistungen auch im Nachhaltigkeitsszenario eine starke Zunahme der CO_2-Emissionen (um 50 %) aufzuweisen hat.

Insgesamt ergibt sich für den Personenverkehr als Nettowirkung bei den CO_2-Emissionen eine Verminderung gegenüber 1997 um ein Drittel.

Die Akzeptanz der für eine nachhaltige Verkehrsentwicklung zu Grunde gelegten Maßnahmen hängt in besonderer Weise von der dadurch entstehenden Kostenbelastung der privaten Haushalte ab. Für die mit der weiteren Mobilitätsentwicklung sowie mit den Szenariomaßnahmen verbundenen Ausgaben wurden – aufbauend auf der in der volkswirtschaftlichen Gesamtrechnung ausgewiesenen Struktur der privaten Konsumausgaben – Schätzungen erarbeitet. Danach ergibt sich, dass die vor allem bei den Kraftstoffen zu Grunde gelegten Verteuerungen zu einem großen Teil durch die Reduktion der Verbrauchswerte kompensiert werden. Auf diese Weise wird u.a. durch die Preispolitik eine technische Entwicklung mit angestoßen, die über eine verbesserte Energieverwertung auch zu einer Begrenzung der Kostenerhöhung führt. In beiden Szenarien ergibt sich – gemessen an der gesamten Ausgabenentwicklung der privaten Haushalte – eine eher unterdurchschnittliche Steigerung der Verkehrsausgaben.

Im Güterverkehr lassen im Zeitraum 1997 bis 2020 die Integration osteuropäischer Länder in die EU, die fortschreitende Liberalisierung der Verkehrsmärkte sowie die zunehmende Globalisierung der Weltwirtschaft einen Anstieg der Verkehrsleistungen unter Trendbedingungen von rund zwei Dritteln erwarten. Die Rahmenbedingungen für die künftige Verkehrsentwicklung wie

- weitere Liberalisierung der nationalen Verkehrsmärkte
- höherer Anteil grenzüberschreitender Verkehre
- eine weitere Veränderung in der Aufkommensstruktur zugunsten strassenaffiner Gütergruppen
- allgemein kleinere Sendungsgrößen und höhere Sendungsfrequenzen

begünstigen ausnahmslos den Straßengüterverkehr. Während sich die Transportleistungen auf der Straße fast verdoppeln, nehmen die Eisenbahn um 30 % und die Binnenschifffahrt um 50 % zu.

Unter diesen Voraussetzungen ist im Trendszenario bis 2020 mit einer Verringerung der CO_2-Emissionen nicht zu rechnen, selbst wenn alle nach dem derzeitigen Erkenntnisstand möglichen technischen Verbesserungen an den Fahrzeugen realisiert sind. Die CO_2-Emissionen steigen gegenüber 1997 um 43 %. Der Anstieg ist zum größten Teil auf den Straßenverkehr und zu einem weiteren relevanten Teil auf den Luftverkehr zurückzuführen, während die Zunahme bei der Schiene gering ist und bei der Binnenschifffahrt nicht ins Gewicht fällt.

Im Rahmen des Nachhaltigkeitsszenarios 2020 wird versucht, mit einer Vielzahl von Maßnahmen aus diversen Politikbereichen alle Ansatzebenen für weniger CO_2-Emissionen – Transportverlagerung, Transportvermeidung, Transportrationalisierung sowie bessere Technik – zu nutzen. Die stärksten Wirkungen werden durch die Verkehrsverlagerung von der Straße auf Schiene und Wasserstraße erreicht. Ein gegenüber dem Trendszenario alternativer ordnungs-, fiskal- und verkehrspolitischer Rahmen sowie eine deutlich verbesserte Angebotsqualität bei Bahn und Binnenschifffahrt sind hierfür die wichtigsten Instrumente.

Die Verlagerungseffekte zur Bahn lassen sich allerdings nur unter der Voraussetzung realisieren, dass es den Eisenbahnunternehmen gelingt, ihre Wettbewerbsposition gegenüber dem Straßengüterverkehr zu verbessern. Viele Defizite und Schwachstellen, vor allem im Güterverkehr der DB AG, sind seit langem bekannt und z.T. hausgemacht. Stichworte hierfür sind: Entmischung des Güter- und Personenverkehrs, Transportzeiten, automatische Sendungsverfolgung (Tracking, Tracing), Komplettangebote (Transport, Lagerhaltung, fertigungssynchrone Anlieferung, Regalbeschickung etc.), Grenzhemmnisse, Interoperabilität im grenzüberschreitenden

Verkehr, Rationalisierung und Automatisierung der Betriebsabläufe[1], Wettbewerb und Trassenpreise. Die Bahn ist immer noch zu wenig an den Transportbedürfnissen der verladenden Wirtschaft orientiert. In der Transportqualität und der Transportzeit ist sie dem Lkw deutlich unterlegen. Wenn es nicht gelingt, hier deutliche Verbesserungen zu erzielen, dann sind auch die Transportgewinne im Nachhaltigkeitsszenario in Frage zu stellen.

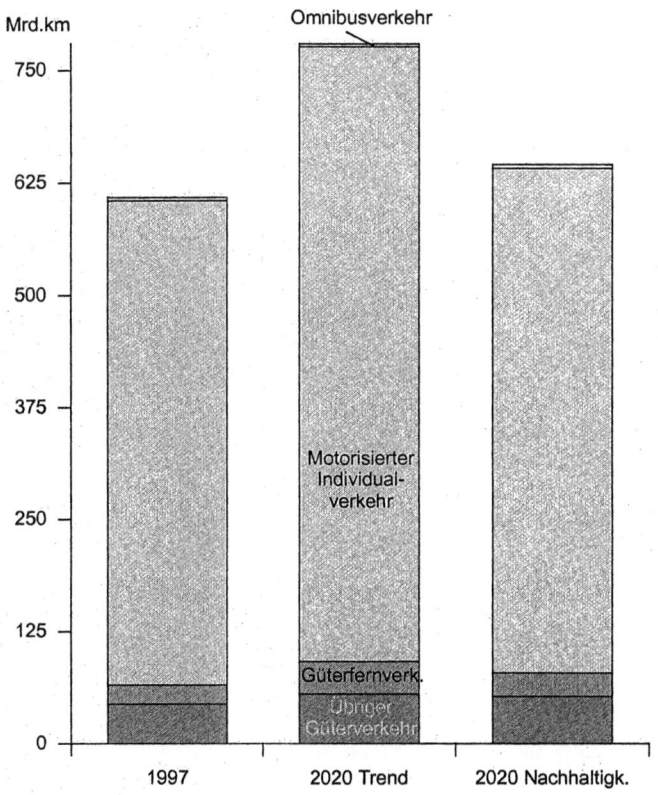

Quellen: BVU, ifo, ITP, Planco, Berechnungen des DIW Berlin.
Abb. 8.1. Fahrleistungen im Straßenverkehr im Jahre 1997 und in den Szenarien 2020 Trend und Nachhaltigkeit

---

[1] Im Juni 1970 wurde von der Europäischen Verkehrsministerkonferenz für den Zeitraum 1979 bis 1981 die europaweite Umstellung von der konventionellen Schraubenkupplung auf automatische Kupplungen beschlossen. Umgerüstet wurde bis heute nicht.

8 Zusammenfassung der Szenarienergebnisse und Fazit

Tabelle 8.1 Kohlendioxidemissionen (kt/Jahr) 1990, 1997 und 2020 – Trend- und Nachhaltigkeitsszenario

	1990	1997	2020 Trend	2020 Nachhaltigkeit
Güterverkehr	55.900	66.900	95.800	77.800
Straße	45.200	58.000	78.900	65.500
Schiene	4.900	2.930	2.980	2.980
Wasser	2.400	2.230	3.310	3.090
Luft	3.450	3.820	10.600	6.220
Personenverkehr	164.000	160.000	161.000	105.000
Straße	142.000	136.000	114.000	73.100
Schiene	8.280	7.160	7.490	6.480
Luft	13.200	17.100	39.200	25.600
Gesamtverkehr	220.000	227.000	257.000	183.000
Straße	187.000	194.000	193.000	139.000
Schiene	13.300	10.100	10.500	9.460
Wasser	2.400	2.230	3.310	3.090
Luft	16.700	20.900	49.800	31.800

Quelle: Berechnungen des ifeu.

Trotz einer Vielzahl von Maßnahmen steigen auch im Nachhaltigkeitsszenario die Kohlendioxidemissionen gegenüber 1997, und zwar um 16 %. Die größten absoluten Zuwächse der Emissionen liegen im Luft- und im Straßenverkehr. Gegenüber dem Trendszenario vermindern sich die CO_2-Emissionen um etwa ein Fünftel. Obwohl die Verkehrsleistungen des Schienenpersonenverkehrs um 60 % und die des Schienengüterverkehrs um rund 90 % gegenüber 1997 zunehmen, gehen die Kohlendioxidemissionen des Schienenverkehrs im Nachhaltigkeitsszenario um rund 6 % zurück. Dies ist in erster Linie eine Folge der unterstellten relativ hohen Anteile von regenerativer Energie („Solares Langfristszenario") in der Stromproduktion, aber auch der verbesserten durchschnittlichen spezifischen Energieverbräuche und der erhöhten Auslastung.

Unter den Bedingungen des Trend- wie des Nachhaltigkeitsszenarios steigt der Anteil der CO_2-Emissionen des Güterverkehrs an den verkehrlichen Gesamtemissionen deutlich an. 1997 hatte der Güterverkehr einen Anteil von knapp drei Zehnteln an den gesamten CO_2-Emissionen aus dem Verkehrsbereich, im Trendfall sind es schon 37 %, und unter den Rahmenbedingungen des Nachhaltigkeitsszenarios sind es 43 %.

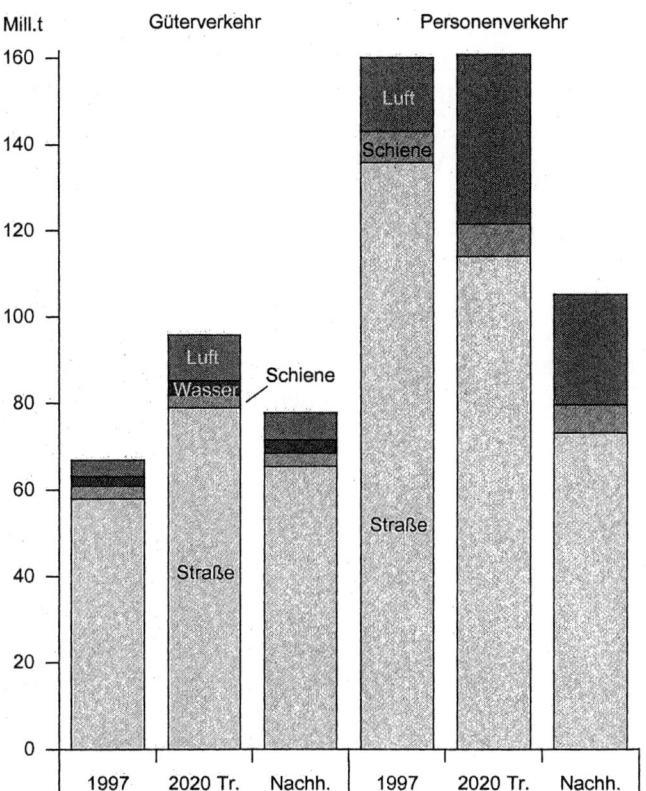

Quelle: Berechnungen des ifeu.

Abb. 8.2. CO_2-Emissionen des Verkehrs im Jahre 1997 und in den Szenarien 2020 Trend und Nachhaltigkeit

Ob und inwieweit die Maßnahmen des Nachhaltigkeitsszenarios für die Volkswirtschaft, für einzelne Regionen, für Wirtschaftssektoren oder für bestimmte Bevölkerungsgruppen besonders negative Rückwirkungen hätten, die Hemmnisse und Akzeptanzprobleme also sehr groß wären, hängt einerseits von der jeweiligen Eingriffsintensität, andererseits aber auch von der Fristigkeit und Berechenbarkeit des dahinterstehenden wirtschafts- und verkehrspolitischen Konzepts ab. Die Anpassung an veränderte verkehrs- und marktwirtschaftliche Rahmenbedingungen ohne größere Störungen, Hemmnisse und Friktionen ist um so eher möglich, je klarer und langfristiger die Einführung und Umsetzung konzipiert ist. Das hier im Nachhaltigkeitsszenario unterstellte breite Maßnahmenspektrum erlaubt eine behutsame und schrittweise Dosierung einzelner Maßnahmen, so dass die gesellschaftliche Akzeptanz für eine derartige Politik bei einer entsprechenden Öffentlichkeitsarbeit durchaus vorhanden sein dürfte. Geboten ist eine Verteuerung des Straßengüterverkehrs, flankiert insbesondere von angebotsverbessernden Maßnahmen bei der Bahn. Nur so kann die laufende Zunahme der Fahrleistungen im Straßengüterverkehr begrenzt werden. Generelle Preiserhöhungen für Verkehrsleistungen könnten zudem dazu beitragen, Wirtschaftswachstum und Verkehrsleistungen zu entkoppeln.

Die Befürchtung, der Wirtschaftsstandort Deutschland werde durch Transportkostenerhöhungen im hier unterstellten Umfang gefährdet, ist unbegründet. Diese Gefahr ist umso weniger gegeben, als Verteuerungen des Straßenverkehrs ohnehin nur Sinn machen, wenn in allen EU-Ländern die gleichen (preislichen) Rahmenbedingungen gelten. Zudem dürften sie auch nur auf der EU-Ebene, wie die vergangenen Erfahrungen belegen, durchsetzbar sein.

9 Tendenzen der Verkehrsnachfrage, des Energieverbrauchs und der CO_2-Emissionen im Zeitraum 2020-2050

9.1 Rahmenbedingungen

Quantitative Aussagen über die Verkehrsentwicklung im Zeitraum 2020–2050 sind außerordentlich problematisch. Berücksichtigt man, welche gesellschaftlichen Umwälzungen und Veränderungen der individuellen Verhaltensweisen in den letzten 50 Jahren eingetreten sind, welcher Umbruch weltweit (Globalisierung der Produktion und Internationalisierung des Handels) und in Europa (EU-Integration, Liberalisierung der Verkehrsmärkte) derzeit stattfindet, so wird unmittelbar einsichtig, dass der Versuch, für einen Zeitraum von fünf Jahrzehnten die verkehrlichen Gesamtentwicklungen und die Auswirkungen politischer Eingriffe auf diese Verkehrsentwicklungen zu schätzen, nur äußerst spekulativ sein kann.

Die Ermittlung von demografischen und sozio-ökonomischen Leitdaten, die Fortschreibung der Verhaltensweisen der auf den Verkehrsmärkten tätigen Akteure und der Beziehungsmuster zwischen den Verkehrsnachfragern und dem Verkehrsangebot erfordern schon für einen Zeitraum von zwei Jahrzehnten ein gehöriges Maß an rationaler Phantasie. Für 2050 würden sich die Probleme vervielfachen. Schon die demografische Entwicklung ist nur mit sehr großen Unsicherheiten vorherzusagen, entsprechend problematisch ist eine daraus abgeleitete ökonomische Prognose. Das gilt gleichermaßen für die Rahmenbedingungen aus dem Verkehrsbereich - wie Wettbewerb, Technik, Infrastruktur, Verkehrspolitik - wie auch für die unterstellten Beziehungsmuster zwischen den Determinanten der Prognose und den Verkehrsnachfrage-Zielgrößen. Diese Beziehungsmuster, die in der Regel in Verkehrsmodellen, mit Hilfe von Korrelations- und Regressionsrechnungen oder mit Elastizitätskennziffern abgebildet werden, verändern sich im Zeitablauf sehr stark und haben möglicherweise langfristig keine Gültigkeit mehr.

Sofern quantitative Vorausschätzungen unternommen werden, können diese entweder lediglich Visionen der künftigen Entwicklung aufzeigen oder in Szenarien eingebettete „Wenn-Dann"-Aussagen sein, die die Chancen und Risiken künftiger Entwicklungen verdeutlichen.

Mit diesem Verständnis sind auch die Ergebnisse eines für die Enquete-Kommission „Nachhaltige Energieversorgung" des Deutschen Bundestages entworfenen Szenarios für die langfristige Bevölkerungs- und Wirtschaftsentwicklung zu betrachten.[1] Danach wird zwischen 2020 und 2050 ein deutlicher Rückgang der Bevölkerung, und zwar um 16 %, erwartet.

Für das Bruttoinlandsprodukt wird zwischen 2020 und 2050 eine mittlere jährliche Steigerung um 1,1 % angenommen.

9.2 Personenverkehr

Um einmal beispielhaft die Veränderungen, die sich in einem Zeitraum von 50 Jahren ergeben können, darzustellen, sollen einige Entwicklungen im Personenverkehr zwischen 1950 und 2000 betrachtet werden: Die Zahl der Personenkraftwagen hat sich von 570.000 auf 42,8 Mill. um den Faktor 75 erhöht. Eine solche Entwicklung ist zu Beginn dieses Zeitraums von Experten nicht annähernd für möglich gehalten worden. Die Geschichte der zahlreichen Pkw-Prognosen, die im Verlauf der Jahrzehnte erstellt wurden, zeigt, dass in der Regel die Ergebnisse von Langfristprognosen und die angenommenen „Sättigungsniveaus" jeweils um ein inkrementales Quantum über den Vorgängervorausschätzungen lagen, und jedes mal neu konstatiert werden musste, dass die vorliegenden Prognosen – in der Regel über Zeiträume von 15 bis 20 Jahren – von der Realität überholt worden waren.[2]

Bei den Verkehrsleistungen ergab sich im Betrachtungszeitraum 1950 bis 2000 eine Steigerung von 88 Mrd. Pkm auf 936 Mrd. Pkm, d.h. auf mehr als das zehnfache des Ausgangswertes. Noch größer war die Zunahme des Energieverbrauchs im Personenverkehr, der in den letzten fünfzig Jahren um den Faktor 12 gestiegen ist.[3]

---

[1] Prognos (2001 a).
[2] Vgl. Schühle U (1986).
[3] Die angegebenen Steigerungsfaktoren enthalten auch die Zunahmen, die sich durch die Vergrößerung des Bezugsgebietes in der Folge der deutschen Vereini-

Neben der Verfügbarkeit und der technischen Vervollkommnung des Automobils war vor allem die Expansion der Massenkaufkraft ursächlich dafür, dass die Motorisierung für die meisten privaten Haushalte auch ökonomisch möglich wurde. Ein vergleichbarer technologischer Schub für die Mobilitätsentwicklung ist derzeit nicht erkennbar. Die längerfristig angelegten technischen Entwicklungen beziehen sich u.a. auf alternative Antriebssysteme und Kraftstoffe sowie auf Optimierungen der Fahrzeugtechnik, um damit auch eine bessere ökologische Verträglichkeit des Pkw und damit seine langfristige Überlebensfähigkeit als dominierendes Massenverkehrsmittel zu erreichen. Hinsichtlich der verkehrserzeugenden Wirkung des Kraftfahrzeugs zeichnen sich dagegen in Deutschland gewisse Sättigungserscheinungen ab.

Gegenüber der Entwicklung in den alten Bundesländern bis 1990 flachen sich die Wachstumsraten der Kennziffern „Fahrten je Einwohner" und „Personenkilometer je Einwohner" bis 2020 ab. Die rückläufige Tendenz wird bei den Verkehrsleistungen durch verkehrspolitische Maßnahmen mit dem Ziel ökologischer Nachhaltigkeit weiter verstärkt.

Schreibt man die abnehmende Tendenz beim Wachstum der personenspezifischen Verkehrsleistungen langfristig fort, so dürfte die Annahme einer Stagnation dieser Größe gegen Ende des Betrachtungszeitraums gerechtfertigt sein. Das Institut für Energiewirtschaft und Rationelle Energieanwendung der Universität Stuttgart (IER) hat auf der Grundlage dieser Annahme und der von Prognos erstellten Bevölkerungsvorausschätzung bis 2050 Verkehrsleistungen für diesen Zeitraum errechnet.[4] Danach ergibt sich für die Trendentwicklung im Jahr 2050 ein Rückgang der gesamten personenkilometrischen Leistung im motorisierten Verkehr gegenüber 2020 um 10 %. Das Ergebnis liegt damit in der Größenordnung der Verkehrsleistungen für das Jahr 2000.

Auf diesem Berechnungswege lässt sich die Sensitivität der Verkehrsleistungen zur Bevölkerungszahl relativ einfach darstellen. Geht man – abweichend von der Prognos-Vorausschätzung – z.B. von einer Konstanz der Zahl der Einwohner zwischen 2020 und 2050 aus, so ergäbe sich ceteris paribus eine Zunahme der Verkehrsleistungen gegenüber 2020 um 8 %. Mit diesen Größenordnungen für die weitere Entwicklung der Verkehrsleistungen nach 2020 ergibt sich unter „Status quo"-Bedingungen ein Kor-

---

gung ergeben haben. Eine isolierte Darstellung für die alten Bundesländer ist wegen mangelnder Differenzierung der meisten Daten nicht möglich.
[4] IER/WI (2001).

ridor möglicher Veränderungen, wobei vorausgesetzt wird, dass sich im betrachteten Zeitraum keine grundlegenden Veränderungen der sozioökonomischen und technischen Rahmenbedingungen ergeben.

Die Sensitivitätsrechnung zeigt zunächst, dass bei einer verkehrspolitisch unbeeinflussten Entwicklung der personenbezogenen Mobilität und innerhalb der gesetzten Rahmenbedingungen nach dem Jahr 2020 mit einer signifikanten Zunahme der Personenverkehrleistung nicht zu rechnen ist. Weiterhin wird aber auch deutlich, dass ein möglicher Rückgang nicht so kräftig ausfallen dürfte, dass eine wesentliche Annäherung an das Nachhaltigkeitsziel für 2050 (Reduktion der CO_2-Emissionen um 80 % gegenüber dem Stand von 1990) im Personenverkehr gewissermaßen im Selbstlauf erreicht wird.

Im Nachhaltigkeitsszenario 2020 hat sich für den Personenverkehr eine Reduktion der CO_2-Emissionen gegenüber 1990 von mehr als einem Drittel ergeben. Um sich dem Reduktionsziel von 80 % im Personenverkehr stärker zu nähern, sind vor dem Hintergrund der skizzierten möglichen Entwicklungsrichtung der Verkehrsnachfrage grundsätzlich auch nach 2020 Maßnahmen zur Beeinflussung und Gestaltung notwendig.

Generell zeigen unter den Maßnahmen, die auf eine Beeinflussung des Verkehrsnachfrageverhaltens (Verkehrsvermeidung, Verkehrsverlagerung) zielen, die preispolitischen das größte Potenzial. Hier ist langfristig auch an andere Instrumente zu denken als nur an die, die in dem vorliegenden Szenario bis 2020 unter dem Aspekt der kurzfristigen Umsetzbarkeit zu Grunde gelegt wurden. Insbesondere der Handel von Emissionsrechten im Verkehrsbereich könnte eine größere Bedeutung erlangen.[5]

Andererseits stellt sich bei preispolitischen Maßnahmen im Zusammenhang mit dem Pkw die Frage der sozialen Akzeptanz in besonderer Weise. Um den motorisierten Individualverkehr durch Verkehrsvermeidung und Umlenkung der Nachfrage auf öffentliche Verkehrsmittel wirksam in die durch das Nachhaltigkeitsziel vorgegebene Richtung zu bringen, wären noch wesentlich stärkere reale Preisanhebungen notwendig als im vorliegenden Nachhaltigkeitsszenario unterstellt worden sind. So wird z.B. in der deutschen Fallstudie eines OECD-Projektes (Environmentally Sustainable Transport (EST)) für ein Nachhaltigkeitsszenario von einer Versechsfachung des Kraftstoffpreises auf 5,73 Euro bis zum Jahr 2030 aus-

---

[5] Vgl. zu solchen Ansätzen z.B. Projektgemeinschaft Bergmann, Hartmann, ifeu, ZEW (2001).

gegangen.[6] Solche drastischen Preiserhöhungen dürften in einer von Katastrophen freien Entwicklung gesellschaftspolitisch kaum durchsetzbar sein.

Maßnahmen, die Attraktivitätsverbesserungen bei den öffentlichen Verkehrsmitteln und dem nichtmotorisierten Verkehr zum Ziel haben, dürften – für sich allein genommen – keine größeren Verkehrsverlagerungen auslösen. Ihre höhere Attraktivität ergibt sich vor allem dann, wenn noch ein entsprechender „push" durch Verschlechterung der Bedingungen für Autofahrer hinzukommt.

Der Beitrag von Verhaltensänderungen der Verkehrsteilnehmer zu einem „nachhaltigen" Verkehrssystem wird daher auch nach dem Jahr 2020 begrenzt bleiben. Der größere Teil der Verminderung von CO_2-Emissionen wird auch in der ferneren Zukunft durch technische Verbesserungen erbracht werden müssen. Dazu wird es zwingend notwendig sein, die technischen Möglichkeiten, den Verbrauch von fossiler Energie einzuschränken, soweit wie möglich auszuschöpfen. Ohne eine begleitende Preispolitik als Anreiz, energiesparende Technik zu verwenden, dürfte dies kaum erfolgreich sein.

9.3 Güterverkehr

Die enormen Wachstumsraten des Güterverkehrs bis 2020 sind nicht vereinbar mit dem Ziel einer nachhaltigen Verkehrsentwicklung. Selbst unter den Bedingungen des Nachhaltigkeits-Szenarios ist im Güterverkehr bis 2020 noch mit einem kräftigen Anstieg der CO_2-Emissionen zu rechnen (2020/1990: 39 %). Bemerkenswert an der Entwicklung ist, dass die Verkehrsleistungen (tkm) stärker zunehmen als das Bruttoinlandsprodukt. Eine Entkoppelung des Güterverkehrswachstums vom Wirtschaftswachstum findet bis 2020 nicht statt.

Es ist nicht davon auszugehen, dass es nach 2020 zu einem Bruch in dieser Entwicklung kommt. Selbst wenn die Transportintensität des Wirtschaftssystems – gemessen an den gesamtwirtschaftlichen Wachstumsraten – nur noch verlangsamt steigen oder sogar zurückgehen sollte, sind bei den Güterverkehrsleistungen immer noch Zuwächse zu erwarten.

---

[6] Umweltbundesamt und Institut für Wirtschaftspolitik und Wirtschaftsforschung der Universität Karlsruhe (2000).

Nach der bereits zitierten Studie von IER/WI ergibt sich zwischen 2020 und 2050 noch ein Anstieg von einem Drittel (durchschnittlich 0,9 % p.a.). Die Globalisierung und Internationalisierung von Produktion und Handel, die nationale wie internationale Intensivierung der Arbeitsteilung setzen sich auch nach 2020 fort. Dies führt unmittelbar zu einer Steigerung der Transportintensität des Wirtschaftssystems und bewirkt einen weiteren Anstieg der Verkehrsleistungen.

Auf den Güterverkehrsmärkten sind nach 2020 keine autonomen Entwicklungen absehbar, die die CO_2-Problematik geringer werden ließen. Inwieweit nach 2020 die technische Entwicklung (Antriebstechniken, erneuerbare Energieträger) hier für Entlastung sorgen kann, bleibt abzuwarten. In jedem Fall scheint es angebracht, die preispolitischen Maßnahmen des „Nachhaltigkeitsszenarios" in gesteigerter Intensität auch nach 2020 auf die Güterverkehrsmärkte einwirken zu lassen. Dies begünstigt und fördert einerseits die Entwicklung umweltfreundlicherer Technik und erreicht andererseits auch die für mehr Umweltverträglichkeit wichtigen Ansatzebenen Transportverlagerung und Transportvermeidung.

Der weiteren Verlagerung von Straßengütertransporten auf Schiene und Wasserstraße über das im Nachhaltigkeitsszenario erreichte Ausmaß hinaus sind allerdings bestimmte Grenzen gesetzt. Die Kapazitäten von Schiene und Wasserstraße können nicht beliebig erweitert werden. Ökologische Erwägungen dürften einer grenzenlosen Erweiterung des Schienen- und Wasserstraßennetzes ebenso im Wege stehen wie die dafür erforderliche gesellschaftliche Akzeptanz. Auch die ökologische Vorteilhaftigkeit von Bahn- und Binnenschiffstransporten dürfte bei steigenden Verkehrsanteilen immer geringer werden. Beide Verkehrsträger sind für die Feinverteilung weniger als der Lkw geeignet und erfordern (im Gegensatz zum Lkw) in der Regel energieintensive Umladevorgänge und Lkw-Vor- und Nachläufe.

Wenn Technik und Transportverlagerung langfristig nur bedingt zu einer Verminderung der CO_2-Emissionen beitragen können, bekommt die Ansatzebene „Transportvermeidung" ein umso größeres Gewicht. Die umfassende Funktion des Güterverkehrssystems im heutigen globalisierten Wirtschafts- und Sozialgefüge, die über Jahrzehnte aufgebaut wurde, und die Vernetzung mit anderen Wirtschafts- und Gesellschaftsbereichen schließen drastische „ad hoc"-Maßnahmen zur Verringerung der Transportintensität des Wirtschaftssystems aus. In einem Zeitraum von einem halben Jahrhundert verlieren diese Restriktionen jedoch an Bedeutung. Das Wachstum der Transportleistungen ist auch ein Ergebnis der zunehmenden räumlichen und funktionalen Differenzierung von Wirtschaft und Gesellschaft, es ist quasi ein konstitutiver und immanenter Bestandteil des EU-Wirtschaftssystems und der liberalisierten Weltwirtschaftsordnung. Die Integration weiterer Länder in die EU schafft auch langfristig zusätzliche Wachstumsimpulse für den Güterverkehr.

Ziel muss es daher sein, die Verkehrsintensität wieder erheblich zu vermindern. Die Koordinierung der verschiedenen politischen Ebenen (EU-Ebene, national, regional/lokal) und der integrierte Einsatz der jeweils zur Verfügung stehenden Instrumente (EU: Preispolitik, Internalisierung der externen Kosten, Umweltverträglichkeitsprüfungen für die Transeuropäischen Netze, national: verschärfte Umweltverträglichkeitsanforderungen für die Verkehrsplanungen des Bundes sowie bessere Abstimmung mit den Verkehrsplanungen der Länder und Kommunen, lokal/regional: stärkere Verzahnung von Städtebau-, Gewerbe-, Infrastruktur- und Verkehrsplanung) scheint langfristig der erfolgversprechendste Weg, um eine behutsame Verringerung der Transportintensität und damit auch eine Entkoppelung von Wirtschafts- und Verkehrswachstum zu bewirken.

9.4 Technische Potenziale zur Reduktion von Energieverbrauch und Kohlendioxid-Emissionen

Wie bei der Entwicklung der Verkehrsnachfrage ist es auch für die technischen Reduktionspotenziale von Energie und Kohlendioxid im Verkehr grundsätzlich problematisch, Aussagen für einen deutlich späteren Zeitraum als 2020 zu machen. Dennoch sind aus heutiger Sicht Tendenzen erkennbar, die die Entwicklung zwischen 2020 und 2050 prägen können – immer unter der Voraussetzung, dass sich die gesellschaftlichen Rahmenbedingungen gegenüber heute nicht grundlegend ändern.

Dem derzeit absehbaren Trend folgend werden die Wirkungsgrade der Verbrennungsmotoren, die in den nächsten Jahrzehnten weiterhin das Rückgrat des Straßen-, Wasser- und Luftverkehrs bilden werden, sowie die Kraftübertragung auf das Rad bzw. den Fahrweg gegenüber heute weiterhin verbessert werden. Doch sind dieser Verbesserung physikalische Grenzen gesetzt, so dass damit gegenüber dem heute konzipierten und im Jahr 2020 wohl realisierten Zustand der Neufahrzeuge nur wenige weitere Einsparungsprozente realisiert werden dürften. Unbeschadet dessen können auch Einspareffekte durch das reine Downsizing der Motoren erzielt werden, insbesondere wenn Randbedingungen wie verringerte Ansprüche an

Beschleunigung und Endgeschwindigkeit dies unterstützen und eine Rücknahme der installierten Motorleistung gestatten. Zusätzlich werden wohl auch die Möglichkeiten der Energierückgewinnung genutzt werden müssen, um die im Fahrzeug vorhandene kinetische Energie nach einem Abbremsen für den Anfahr-Vorgang wieder einsetzen zu können. Dabei scheinen sich die rein mechanischen Systeme (Schwungrad usw.) weniger durchzusetzen als solche, die eine im weitesten Sinne elektrische Speicherung (Kondensator, Batterie) vornehmen und auf die Installation von Elektromotoren angewiesen sind. Die Rückspeisung in den Fahrdraht wird im Schienenverkehr schon lange praktiziert. Sie wird in ihren Wirkungsgraden weiter optimiert werden.

Ein weiteres und tendenziell größeres Einsparungspotenzial liegt in der Gestaltung des Fahrzeuges selbst: Nach wie vor erledigt der Pkw mit dem vergleichsweise höchsten Aufwand an Material je angebotenem bzw. vor allem genutzten Platzkilometer seine Transportaufgabe. Sehr große Bedeutung hat daher die Reduktion der benötigten Menge an Material durch Downsizing der Fahrzeuge, sei es durch bessere Anpassung der Fahrzeuggröße an die notwendige Transportaufgabe, sei es durch Verzicht auf Raumgröße und Komfort, sei es durch Verzicht auf Komponenten, die durch die installierte Leistung des Fahrzeugs und die verkehrlichen Randbedingungen mitbestimmt werden. Teilweise wird diese Anpassung der Fahrzeuge auch mit einer Optimierung des Luftwiderstandsbeiwertes einhergehen können.

Additiv oder alternativ zur Reduktion der benötigten Materialmenge können und werden andere Materialien mit anderen Eigenschaften eingesetzt werden. Ziel der Optimierung ist immer eine Reduktion der Fahrzeugmasse bei mindestens vergleichbaren Verformungs-, Sicherheits- und Produkteigenschaften wie sie bei heutigen Fahrzeugen anzutreffen sind. Hierzu werden beispielsweise beträchtliche Forschungsmittel in die Entwicklung von Kohlefaser-Verbundstoffen investiert, da deren Eigenschaften die geforderten Randbedingungen am ehesten zu erfüllen scheinen.

Schließlich wird bei zunehmend erkannter oder preislich flankierter Notwendigkeit der Energieeinsparung im Verkehr auch der heutige Trend zur weiteren Komfortsteigerung gebrochen werden müssen. Dieser Komfort ist in der Regel mit Gewichtszunahmen beim Fahrzeug verbunden und bewirkt damit einen erhöhten Kraftstoffverbrauch bzw. verursacht in vielen Fällen wie bei der Klimaanlage einen direkten zusätzlichen Energieverbrauch.

9.4 Technische Reduktionspotenziale beim Energieverbrauch 151

Grundsätzlich sind Fahrzeuge, insbesondere Pkw, mit allen zuvor genannten Veränderungen vorstellbar. Mit welcher Fahrzeuggröße, bei welchen Fahrzeugeigenschaften und mit welchen verwendeten Materialien dann der „1-Liter-Pkw" realisiert werden wird, muss hier nicht erörtert werden. Solche Konzepte sind bereits mehrfach gedacht, überdies erscheint dies bei einer Kombination der dargestellten Möglichkeiten durchaus realisierbar zu sein.

Dieses Reduktionspotenzial der Fahrzeuggestaltung ist beim Straßengüterverkehr, bei der Schiene, dem Schiffs- und auch dem Flugverkehr zwar prinzipiell auch vorhanden, aber grundsätzlich wesentlich geringer als beim Pkw. Zum einen, weil viele Verbesserungen in der Vergangenheit schon stattgefunden haben, zum anderen, weil – dies gilt vor allem für den Vergleich Nutzfahrzeuge zu Pkw – die heutigen und erst recht die zukünftigen Relationen von Masse des Fahrzeugs zur Transportaufgabe deutlich günstiger sind als beim Pkw. Gleichwohl wird auch in diesem Bereich reduziert werden können und müssen: Alle Verkehrsmittel sind in ihren Basisgewichten, in ihrem Luft- bzw. Wasserwiderstand, in ihrem Verhältnis Eigengewicht zu Ladungsgewicht usw. erheblich zu verbessern.

Doch zeigen die Szenarien in dieser Studie u. a. auch, dass den Energie- und Kohlendioxideinsparungen, die unter Umständen im Pkw-Verkehr auf der Straße realisiert werden, konstante bzw. ansteigende Emissionen aus dem Straßengüterverkehr und dem Flugverkehr gegenüberstehen, in denen die spezifischen technischen Einsparungen geringer sind als die Steigerungen der Verkehrsleistungen. Somit ist es absehbar, dass etwa die Hälfte der Kohlendioxidemissionen des Verkehrs im Jahr 2020 in Bereichen verursacht wird, die sich den relativ hohen Minderungspotenzialen des Pkw-Verkehrs entziehen. Damit ist – ohne ausführliche Szenarienrechnungen und auch in einer Zuspitzung der Argumentation – vorgezeichnet, dass Effekte, die über eine Halbierung des Energieverbrauches und der Kohlendioxidemissionen des Verkehrsbereiches hinausgehen, entweder aus entsprechend in der Fahrleistung und im Modal-Split geänderten Verkehrsgerüsten resultieren oder auf den Einsatz kohlenstoff-reduzierter Energieträger zurückzuführen sind.

Die Möglichkeiten, über die Verwendung von Energieträgern, die entweder einen geringen spezifischen Kohlenstoffgehalt aufweisen bzw. nicht oder nur zum Teil auf fossiler Energieerzeugung aufbauen, zu Kohlendioxidreduktionen zu kommen, sind im Grundsatz bekannt:

- Der kurz- und mittelfristige Ersatz von Otto- bzw. Diesel-Kraftstoffen durch Erdgas mit seinem sehr günstigen Kohlenstoff-Gehalt ist insbesondere dann sinnvoll, wenn Erdgas mit hohem energetischen Wirkungsgrad eingesetzt wird. Hier können neue Verbrennungstechniken, aber auch die Umwandlung von Erdgas in Wasserstoff und dessen Nutzung via Brennstoffzelle geringfügige Kohlendioxid-Einsparungen mit sich bringen.
- Biogene Energieträger wie Biodiesel, Pflanzenöle, Bioethanol oder Biogas weisen in der Regel in der Gesamtklimabilanz Vorteile auf. Ihre Umweltvor- bzw. Nachteile sind von der Herkunft der Biomasse (Klärschlamm, Bioabfälle etc.) und bei Anbaubiomasse zusätzlich von der Art der landwirtschaftlichen Erzeugung geprägt. Die Anbaubiomasse steht in bestimmten Regionen in Konkurrenz zur Nahrungsmittelerzeugung, ihr sinnvoll nutzbares Potenzial ist auch unter Naturschutzaspekten begrenzt.
- Andere Formen der regenerativen Energie wie die Wasser- oder Windkraft bzw. die Solarthermie können nach ihrer Umwandlung in Strom im Fahrzeug genutzt werden. Der direkte Weg, dies über eine Speicherbatterie und den Elektroantrieb im Fahrzeug zu tun, zeigte bisher gegenüber dem konventionellen Antrieb Nachteile wegen des hohen Gewichts, der geringen Speicherdichte oder der hohen thermischen Eigenverluste der Batterien.
- Eine weitere Speichermöglichkeit regenerativer Energie besteht in der Umwandlung des Stroms zu Wasserstoff. Er kann im Kraftfahrzeug nach Speicherung entweder im Verbrennungsmotor mit Abgasnachbehandlung oder in einer Brennstoffzelle genutzt werden. Für beide Wege stehen Optimierungen an; welches Verfahren bessere Wirkungsgrade realisiert, wird sich zeigen.
- Zudem können neben dem reinen Einsatz von regenerativen Energieträgern Mischformen realisiert werden, wie sie sich zum Beispiel durch Beimischung biogener Komponenten zu den etablierten Kraftstoffen ergeben.

Somit besteht prinzipiell kein Zweifel daran, dass regenerative Energien auch im Verkehrsbereich eingesetzt werden und damit über die Erzeugungskette bzw. die Eigenschaften der Energieträger zu einer Minderung der Kohlendioxidemissionen beitragen können. Auf diese Weise würden sie Minderungsraten realisieren helfen, die den langfristigen Klimazielen entsprechen.

9.4 Technische Reduktionspotenziale beim Energieverbrauch 153

Allerdings sind die verfügbaren Mengen an regenerativen Energieträgern auf absehbare Zeit begrenzt, es wird noch mehrere Jahrzehnte dauern, bis Erzeugungskapazitäten, Infrastrukturen und international stabile Mechanismen geschaffen sind, um die benötigten Mengen verfügbar zu machen. Zudem ist aus heutiger Sicht unstrittig, dass der Einsatz regenerativer Energieträger in der stationären Anwendung mehr Kohlendioxid mit besseren Wirkungsgraden einspart als in der mobilen Anwendung. Deshalb ist mit der Feststellung, dass regenerative Energieträger im Grundsatz zu einer Entlastung der Klimabilanz des Verkehrs beitragen können, noch keine Aussage über die realisierten Potenziale an regenerativen Energieträgern, über den dafür diskutierten Zeitraum sowie über die Verfügbarkeit für den Verkehrssektor gemacht.

Abbildungsverzeichnis

Abb. 1.1. Synopsis der Güterbereiche und der korrespondierenden Hauptgütergruppen 9
Abb. 2.1. Maßnahmen im Trendszenario 16
Abb. 3.1. Maßnahmen eines nachhaltigen Verkehrsszenarios 2020 ... 28
Abb. 4.1. Personenverkehrsleistung in Deutschland im Jahre 1997 ... 34
Abb. 4.2. Güterverkehrsleistung in Deutschland im Jahre 1997 43
Abb. 5.1. Personenverkehrsleistung in Deutschland im Jahre 1997 und in den Szenarien 2020 Trend und Nachhaltigkeit.......... 67
Abb. 5.2. Personenverkehrsleistung 67
Abb. 5.3. BIP- und Güterfernverkehrswachstum (tkm) im Jahre 1997 und in den Szenarien 2020 Trend und Nachhaltigkeit 102
Abb. 5.4. Verkehrsleistungen im Güterfernverkehr 106
Abb. 5.5. Güterverkehr in Deutschland im Jahre 1997 und in den Szenarien 2020 Trend und Nachhaltigkeit – Verkehrsaufkommen 108
Abb. 5.6. Güterverkehr in Deutschland im Jahre 1997 und in den Szenarien 2020 Trend und Nachhaltigkeit – Verkehrsleistung 108
Abb. 5.7. Güterverkehr in Deutschland im Jahre 1997 und in den Szenarien 2020 Trend und Nachhaltigkeit – Lkw-Fahrleistungen 109
Abb. 7.1. Primärenergieverbrauch (fossil und Kernenergie) des Verkehrs im Jahre 1997 und in den Szenarien 2020 Trend und Nachhaltigkeit 133
Abb. 7.2. CO_2-Emissionen des Verkehrs im Jahre 1997 und in den Szenarien 2020 Trend und Nachhaltigkeit 134
Abb. 8.1. Fahrleistungen im Straßenverkehr im Jahre 1997 und in den Szenarien 2020 Trend und Nachhaltigkeit 139
Abb. 8.2. CO_2-Emissionen des Verkehrs im Jahre 1997 und in den Szenarien 2020 Trend und Nachhaltigkeit 141

Tabellenverzeichnis

Tabelle 2.1. Demografische und ökonomische Leitdaten 12
Tabelle 2.2. Bruttowertschöpfung nach Wirtschaftsbereichen 13
Tabelle 3.1. Reale Kraftstoffpreise und Kosten des Pkw-Verkehrs – Vergaserkraftstoff 25
Tabelle 3.2. Reale Kraftstoffpreise und Kosten des Pkw-Verkehrs – Dieselkraftstoff 26
Tabelle 3.3. Reale Kraftstoffpreise und Kosten des Pkw-Verkehrs – Vergaser- und Dieselkraftstoff 26
Tabelle 3.4. Komponenten der realen Kraftstoffpreise 27
Tabelle 4.1. Verkehrsaufkommen im Personenverkehr 1997–2020 – Trendszenario 35
Tabelle 4.2. Verkehrsleistungen im Personenverkehr 1997–2020 – Trendszenario 36
Tabelle 4.3. Fahrleistungen im Straßenverkehr 1997–2020 – Trendszenario 37
Tabelle 4.4. Güterfernverkehrsleistungen (tkm) und Modal Split in den BVWP-Szenarien bis 2015 39
Tabelle 4.5. BVWP-Szenarien: Veränderung der Nutzerkosten im Güterverkehr 2015/1997 in % 40
Tabelle 4.6. Entwicklung des Güterfernverkehrs nach Güterbereichen 1997–2020 – Trendszenario 43
Tabelle 4.7. Entwicklung des Güterverkehrs nach Verkehrsträgern und Hauptverkehrsbeziehungen 1997–2020 – Trendszenario 46
Tabelle 4.8. Anteile und Transportweiten im Güterverkehr nach Verkehrsträgern und Hauptverkehrsbeziehungen 1997 und 2020 – Trendszenario 48
Tabelle 4.9. Entwicklung der Fahrleistungen des Straßengüterverkehrs 1997–2020 – Trendszenario 49

158 Tabellenverzeichnis

Tabelle 5.1. Kilometer-Pauschbetrag für Fahrten mit dem Pkw
zwischen Wohnung und Arbeitsstätte seit 1995 57

Tabelle 5.2. Werbungskosten für Pkw-Fahrten zwischen Wohnung
und Arbeitsstätte in den Jahren 1992 und 1995 58

Tabelle 5.3. Verkehrsaufkommen im Personenverkehr 1997–2020 –
Trend- und Nachhaltigkeitsszenario 65

Tabelle 5.4. Verkehrsleistungen im Personenverkehr 1997–2020 –
Trend- und Nachhaltigkeitsszenario 66

Tabelle 5.5. Fahrleistungen im Straßenpersonenverkehr 1997–2020 –
Trend- und Nachhaltigkeitsszenario 68

Tabelle 5.6. Ausgaben der privaten Haushalte in den alten
Bundesländern nach Verwendungszwecken 69

Tabelle 5.7. Ausgaben der privaten Haushalte in Deutschland nach
Verwendungszwecken 71

Tabelle 5.8. Ausgaben der privaten Haushalte für
Verkehrsleistungen 72

Tabelle 5.9. Verkehrsausgaben der privaten Haushalte in Deutschland
1997 sowie in den Szenarien Trend und
Nachhaltigkeit 2020 73

Tabelle 5.10. Preis- und Zeitelastizitäten im Güterfernverkehr nach
IWW/BVU 90

Tabelle 5.11. Kostenrechnung (in Euro) für einen Lkw < 7,5 t –
ohne Anpassungsreaktionen 91

Tabelle 5.12. Kostenrechnung (in Euro) für einen Sattelzug 40 t –
ohne Anpassungsreaktionen 93

Tabelle 5.13. Preis- und Kreuzpreiselastizitäten im Güterfernverkehr
Straße, Bahn, Binnenschiff – Verkehrsaufkommen 95

Tabelle 5.14. Preis- und Kreuzpreiselastizitäten im Güterfernverkehr
Straße, Bahn, Binnenschiff – Verkehrsleistungen 96

Tabelle 5.15. Sektorale Effekte von Kostenerhöhungen im
Straßengüterverkehr 98

Tabelle 5.16. Entwicklung des Güterfernverkehrs nach Güterbereichen
1997–2020 – Trend- und Nachhaltigkeitsszenario 103

Tabelle 5.17. Entwicklung des Güterverkehrs nach Verkehrsträgern
und Hauptverkehrsbeziehungen 1997–2020 –
Trend- und Nachhaltigkeitsszenario 104

Tabelle 5.18. Anteile und Transportweiten im Güterverkehr nach Verkehrsträgern und Hauptverkehrsbeziehungen 1997 und 2020 – Trend- und Nachhaltigkeitsszenario 106

Tabelle 5.19. Entwicklung des Straßengüterverkehrs 1997–2020 – Trend- und Nachhaltigkeitsszenario 107

Tabelle 6.1. Passagierluft- und Luftfrachtverkehr 1997–2020 – Trend- und Nachhaltigkeitsszenario 119

Tabelle 7.1. Szenarienannahmen im Straßenverkehr 124

Tabelle 7.2. Mittlerer Kraftstoffverbrauch von Pkw und schweren Nutzfahrzeugen 1997 und 2020 – Trend- und Nachhaltigkeitsszenario 125

Tabelle 7.3. Szenarienannahmen zur Berechnung der CO_2-Emissionen und des Primärenergieverbrauchs im Schienenverkehr 126

Tabelle 7.4. Ergebnisse Straßenverkehr 1997 und 2020 – Trend- und Nachhaltigkeitsszenario 129

Tabelle 7.5. Ergebnisse Schienenverkehr 1997 und 2020 – Trend- und Nachhaltigkeitsszenario 130

Tabelle 7.6. Ergebnisse Binnenschifffahrt 1997 und 2020 – Trend- und Nachhaltigkeitsszenario 131

Tabelle 7.7. Ergebnisse Flugverkehr 1997 und 2020 – Trend- und Nachhaltigkeitsszenario 132

Tabelle 8.1. Kohlendioxidemissionen (kt/Jahr) 1990, 1997 und 2020 – Trend- und Nachhaltigkeitsszenario 140

Bibliographie

European Automobile Manufacturers Association (ACEA) und EUROPEAN COMMISSION (1998) CO_2 emissions from cars – The EU Implementing the Kyoto Protocol. In: http://europa.eu.int/comm/environment/climat/acea.pdf

ACEA (1999) 1999/125/EG Empfehlung der Kommission vom 5. Februar 1999 über die Minderung der CO_2-Emissionen von Personenkraftwagen (bekannt gegeben unter Aktenzeichen K(1999) 107) (Text von Bedeutung für den EWR), Amtsblatt nr. L 040 vom 13/02/1999, S 0049–0050

Arbeitsgemeinschaft Energiebilanzen (Erscheinungsweise jährlich) Energiebilanzen der Bundesrepublik Deutschland

ASIT (1998) Perspektiven der Verkehrstelematik. Bericht E5 des NFP 41 Verkehr und Umwelt, Bern

Baum H (1990) Verkehrswachstum und Deregulierung in ihren Auswirkungen auf Straßenbelastung, Verkehrssicherheit und Umwelt, Frankfurt a.M.: Verband der Automobilindustrie

Baumgarten H (2000) Trends und Strategien in der Logistik Berlin

Brodmann U, Spillmann W (2000) Verkehr – Umwelt – Nachhaltigkeit: Standortbestimmung und Perspektiven. Synthese S3 des NFP 41 Verkehr und Umwelt, Bern

Büro für Stadt- und Verkehrsplanung (BSV) (2001) Gesamtwirkungsanalyse zur Parkraumbewirtschaftung. Berichte der Bundesanstalt für Straßenwesen, Verkehrstechnik, Heft V 75, Bergisch Gladbach

Bundesgesetzblatt (2000) Gesetz zur Einführung einer Entfernungspauschale. In: Bundesgesetzblatt, Teil 1, Nr. 59/2000 vom 28.12.2000, S 1918ff.

Bundesministerium des Inneren (2000) Modellrechnungen zur Bevölkerungsentwicklung in der Bundesrepublik Deutschland bis zum Jahr 2050. o.O.

Bundesministerium für Verkehr, Bau- und Wohnungswesen (Hrsg) Verkehr in Zahlen ViZ (diverse Jahrgänge). Bearb. Radke S (DIW Berlin), Hamburg

Bundesministeriums für Verkehr, Bau- und Wohnungswesen (2001) Auswirkungen neuer Informations- und Kommunikationstechniken auf Verkehrsaufkommen und innovative Arbeitsplätze im Verkehrsbereich. Bericht der Bundesministerien für Verkehr, Bau- und Wohnungswesen, Wirtschaft und Technologie, Bildung und Forschung unter Mitwirkung von Industrie, Verkehrswirtschaft, Verbänden und Gewerkschaften, Berlin

Büro für Technikfolgenabschätzung (2001) Zum Entwicklungsstand der Brennstoffzellen-Technologie. TAB-Arbeitsbericht Nr. 51

BVL in Kooperation mit DAV und ISL (2000) Intermodaler Verkehre in logistischen Transportketten. Projekt im Auftrag des BMVBW (FE-Vorhaben: 96.642/2000)

BVU, ifo, ITP und Planco (2001) Verkehrsprognose 2015 für die Bundesverkehrsverkehrswegeplanung – Schlussbericht. Gutachten im Auftrag des Bundesministeriums für Verkehr, Bau- und Wohnungswesen (FE-Nr. 96.578/ 1999), München/Freiburg/Essen

Centre for Energy Conservation and Environmental Technology (CE) (1998) A European environmental aviation charge. Feasibility study. Final report. Delft

Communication from the Commission to the Council, the European Parliament, the Economic and Social Committee and the Committee of the Regions (1999) Air Transport and the Environment – Towards meeting the Challenges of Sustainable Development. COM (1999) 640 final. Brüssel

Dahl C, Sterner T (1991) Analysing gasoline demand elasticities: A survey. o.O.

Deutscher Bundestag (2000) Nationales Klimaschutzprogramm, Fünfter Bericht der Interministeriellen Arbeitsgruppe „CO_2-Reduktion". Unterrichtung durch die Bundesregierung, Drucksache 14/4729, 14.11.2000

Deutscher Bundestag (2001) Bericht des Ausschusses für Bildung, Forschung und Technikfolgenabschätzung (19. Ausschuss) gemäß § 56a der Geschäftsordnung. Technikfolgenabschätzung: TA-Projekt „Brennstoffzellen-Technologie". BT-Drs. 14/5054

DFS/DLR (1997) Langfristprognose des Luftverkehrs Deutschlands 1995–2010–2015. Ergebnisse des engpassfreien Referenz-Szenarios (unveröffentlichtes Manuskript)

Dienst für Gesamtverkehrsfragen (GVF) (2000) Fair und effizient – Die leistungsabhängige Schwerverkehrsabgabe (LSVA) in der Schweiz. In: GVF-Bericht 1/2000, Bern

DIW Berlin (Projektleitung), ifeu, IVU, HACON (1994) Verminderung der Luft- und Lärmbelastungen im Güterfernverkehr 2010. Gutachten im Auftrag des Umweltbundesamtes (Forschungsbericht 104 05 962). In: Berichte des Umweltbundesamtes Nr. 5/1994, Berlin

DIW Berlin/IVM Kohlhaas M, Voigt U, Ewers HJ, Allemeyer W, Gerwens S (1994a) Gesellschaftliche Kosten und Nutzen der Verteuerung des Transports. In: Enquete Kommission „Schutz der Erdatmosphäre" des Deutschen Bundestages (Hrsg) Studienprogramm, Bd. 4 – Verkehr, Teilband 1, Studie A, Bonn

DIW Berlin, Kuhfeld H, Schlör H, Voigt U (1996) Ökonomische Folgenanalyse im Rahmen des TAB-Projekts „Optionen zur Entlastung des Verkehrsnetzes und zur Verlagerung von Straßenverkehr auf umweltfreundlichere Verkehrsträger". Gutachten im Auftrag des Büros für Technikfolgenabschätzung beim Deutschen Bundestag (TAB). Berlin

DIW Berlin, FhG-ISI, Öko-Institut, STE (1997) Stein G, Strobel B (Hrsg), Ziesing HJ (Federführung) Politikszenarien für den Klimaschutz, Untersuchungen im Auftrag des Umweltbundesamtes. Bd 1, Szenarien und Maßnahmen zur Minderung von CO_2-Emissionen bis zum Jahre 2005.Schriften des Forschungszentrums Jülich, Reihe Umwelt Bd 5, Jülich

Eisenkopf A (2001) Das Autobahnmautgesetz – (k)ein Baustein für eine schlüssige Verkehrspolitik? In: Wirtschaftsdienst 2001/IX, S 525

Enquete–Kommission „Nachhaltige Energieversorgung" (2001) Zusammenfassung – Bedingungen für eine nachhaltig zukunftsfähige Energiewirtschaft im 21. Jahrhundert – eine Bestandsaufnahme, Berlin

Erber G, Klaus P, Voigt U (2001) Wandel der Logistik- und Verkehrssysteme durch E-Commerce – Informationsdefizite abbauen und Regulierungsrahmen schaffen. In: Wochenberichte des DIW Berlin, Heft 34

Ewers HJ (1991) Dem Verkehrsinfarkt vorbeugen – zu einer auch ökologisch erträglicheren Alternative der Verkehrspolitik unter veränderten Rahmenbedingungen. Göttingen

Fees E (1997) Mikroökonomie. Eine spieltheoretisch- und anwendungsorientierte Einführung. Marburg

Foos G, Gaudry M (1986) Straßenverkehrsmodell für die Bundesrepublik Deutschland. In: Zeitschrift für Verkehrswissenschaft, S 171ff., Köln

Frank H-J (1976) Analyse und Prognose des Güterverkehrs in der Bundesrepublik Deutschland bis zum Jahre 1990. Integrierte Langfristprognose für die Verkehrsnachfrage im Güter- und Personenverkehr in der Bundesrepublik

Deutschland bis zum Jahre 1990. In: Beiträge zur Strukturforschung des DIW Berlin, Heft 43/IV, Berlin

Grünwald R, Oertel D, Paschen H (2002) Maßnahmen für eine nachhaltige Energieversorgung im Bereich Mobilität. Büro für Technikfolgen-Abschätzung beim Deutschen Bundestag (TAB), Arbeitsbericht Nr. 79, Berlin

Güller P, Neuenschwander R, Rapp M, Maibach M (2000) Road Pricing in der Schweiz. Akzeptanz und Machbarkeit möglicher Ansätze im Spiegel von Umfragen und internationaler Erfahrung. Report D11 des NFP 41 „Verkehr und Umwelt". Bern

Hans-Böckler-Stiftung (2000) Verbundprojekt Arbeit und Ökologie. Abschlußbericht zum Projekt Nr. 97-959-3. Berlin/Wuppertal

Hans-Böckler-Stiftung/Deutscher Gewerkschaftsbund (2001) Strategien für die Mobilität der Zukunft. Handlungskonzepte für lokale, regionale und betriebliche Akteure. Düsseldorf

Hesse M, Meyerhoff J (1997) Preispolitische Instrumente in der Güterverkehrspolitik- Einsatz im Rahmen der ökologisch-sozialen Steuerreform von Bündnis 90/Die Grünen. Gutachten im Auftrag der Fraktion Bündnis 90/Die Grünen im Bundestag, Bonn. In: Schriftenreihe des IÖW 12/97. Berlin

Hopf R et al. (1990) Entwicklung der Verkehrsnachfrage im Personen- und Güterverkehr und ihre Beeinflussung durch verkehrspolitische Maßnahmen (Trendszenario und Reduktions-Szenario) - Endbericht zum Studienschwerpunkt A.6.1. Gutachten des DIW Berlin im Auftrage der Enquête-Kommission „Vorsorge zum Schutz der Erdatmosphäre" des Deutschen Bundestages. Berlin

Hopf R et al. (1996) Effizienz von Maßnahmen zur Verbrauchseinschränkung bei Mineralölversorgungsstörungen. Gutachten des DIW Berlin im Auftrag des Bundesministers für Wirtschaft. Berlin

IEA (International Energy Agency) (2000) The Road from Kyoto: Current CO_2 and Transport Policies in the IEA. Paris

IER/WI (Institut für Energiewirtschaft und Rationelle Energieanwendung der Universität Stuttgart) (2001) Verkehrsrahmenprognose bis 2050. Im Auftrag der Enquete-Kommission „Nachhaltige Energieversorgung" des Deutschen Bundestages

ifeu (2001) Aktualisierung des „Daten- und Rechenmodells: Energieverbrauch und Schadstoffemissionen des motorisierten Verkehrs in Deutschland 1980-

2020", Entwurf des Endberichts, Im Auftrag des Umweltbundesamtes, UFOPLAN Nr. 201 45 112. Heidelberg

ifo-Institut (1995) Gesamtwirtschaftliche Auswirkungen preispolitischer Maßnahmen zur CO_2-Reduktion im Verkehr. Gutachten im Auftrag des Bundesministers für Verkehr. München

ifo-Institut (1999) Regionalisierte Strukturdatenprognose für das Jahr 2015 mit Zwischenwerten für 2005, 2010 sowie ein Ausblick auf 2025 - Schlussbericht. Im Auftrag des Ministeriums für Verkehr, Bau- und Wohnungswesen. München

IKAÖ/Ernst Basler & Partner AG/Wuppertal Institut (2000) Strategie Nachhaltiger Verkehr. Bericht C7 des NFP 41 Verkehr und Umwelt, Bern

IPCC (2001) Climate Change 2001: The Scientific Basis. Contribution of Working Group I to the third Assessment Report of the Intergovernmental Panel on Climate Change. Cambridge, New York. http://www.ipcc.ch

IVU (Projektleitung), HaCon, ZIV (1993) Verminderung der Luft- und Lärmbelastung durch den städtischen Güterverkehr. Gutachten im Auftrag des Umweltbundesamtes (Forschungsbericht 105 05 147). Berlin/Hannover

IWW (2001) Anforderungen an eine umweltorientierte Schwerverkehrsabgabe. Forschungs- und Entwicklungsvorhaben 200 96 130 des Umweltbundesamtes. Karlsruhe

JAMA (2000) 2000/304/EG Empfehlung der Kommission vom 13. April 2000 über die Minderung von CO_2-Emissionen von Personenkraftwagen (JAMA) (bekannt gegeben unter Aktenzeichen K(2000) 803) (Text von Bedeutung für den EWR), Amtsblatt nr. L 100 vom 20/04/2000

KAMA (2000) 2000/303/EG Empfehlung der Kommission vom 13. April 2000 über die Minderung von CO_2-Emissionen von Personenkraftwagen (KAMA) (bekannt gegeben unter Aktenzeichen K(2000) 801) (Text von Bedeutung für den EWR), Amtsblatt nr. L 100 vom 20/04/2000

Klaus P, König S, Distel S. (ATL Nürnberg); Hopf R, Voigt U, Schaefer P (DIW Berlin) (2003) Fallstudien zu Wirkungen des E-Commerce für Transportleistungen, Verkehrs- und Logistiksystemänderungen im BZB. Gutachten der ATL Nürnberg und des DIW Berlin im Auftrag des Bundesministeriums für Verkehr, Bau- und Wohnungswesen, Berlin, Nürnberg

Kloas J, Kuhfeld H (2003) Entfernungspauschale: Bezieher hoher Einkommen begünstigt. In: Wochenbericht des DIW Berlin, Nr. 42

Kommission der Europäischen Gemeinschaften (1992) Grünbuch zu den Auswirkungen des Verkehrs auf die Umwelt. Brüssel

Kommission der Europäischen Gemeinschaften (1995) Mitteilung der Kommission an den Rat und das Europäische Parlament – Eine Strategie der Gemeinschaft zur Minderung der CO_2-Emissionen von Personenkraftwagen und zur Senkung des durchschnittlichen Kraftstoffverbrauches, KOM /95/ 0689

Kommission der Europäischen Gemeinschaften (2000) Green Paper on Greenhouse Gas Emissions Trading within the European Union, Green Paper presented by the Commission. Brüssel

Kommission der Europäischen Gemeinschaften (2001) Mitteilung der Kommission an den Rat, das Europäische Parlament, den Wirtschafts- und Sozialausschuss und den Ausschuss der Regionen über alternative Kraftstoffe für den Straßenverkehr und ein Bündel von Maßnahmen zur Förderung von Biokraftstoffen. KOM(2001) 547, Brüssel, den 7. November 2001

Kommission der Europäischen Gemeinschaften (2001) Weißbuch - Die europäische Verkehrspolitik bis 2010: Weichenstellungen für die Zukunft. Brüssel

Kremers H, Nijkamp P, Rietveld P (2000) A Meta-Analysis of Price Elasticities of Transport Demand in a General Equilibrium Framework. Tinberg Institute Discussion Paper TI 2000-060/3. Amsterdam

Lebküchner M (1999) Was bringt die Technik? Elemente der Zukunftsgüterbahn. In: Güterverkehr zwischen Markt und Politik - Neue Konzepte für eine faire und effiziente Preisbildung und Finanzierung - Neue Forschungsergebnisse - Folgen für die Verkehrspolitik. Tagung in Bern am 25.11.99 (Patronat: UVEK, SSC, KÖV). Bern

Maggi R (1999) Was zählt für die Verlader? Schätzung der Elastizitäten im kombinierten Verkehr. In: Güterverkehr zwischen Markt und Politik - Neue Konzepte für eine faire und effiziente Preisbildung und Finanzierung - Neue Forschungsergebnisse - Folgen für die Verkehrspolitik. Tagung in Bern am 25.11.99 (Patronat: UVEK, SSC, KÖV). Bern

Maibach M (1999) Welche Förderungsmaßnahmen führen zum Ziel? Überblick über Strategien, Kosten und Wirksamkeit. In: Güterverkehr zwischen Markt und Politik - Neue Konzepte für eine faire und effiziente Preisbildung und Finanzierung - Neue Forschungsergebnisse - Folgen für die Verkehrspolitik. Tagung in Bern am 25.11.99 (Patronat: UVEK, SSC, KÖV). Bern

Nijkamp P, Pepping G (1998) Meta-Analysis for Explaining the Variance in Public Transport Demand Elasticities in Europe. Journal of Transportation and Statistics 1, pp 1–14

Nordhaus WD (1994) Managing the Global Commons. The Economics of Climate Change. Cambridge, Mass./London

OECD (1999) Environmentally Sustainable Transport: Report on Phase II of the OECD Project on Environmentally Sustainable Transport, Vol. 1: Synthesis Report

OECD (2000) Environmentally Sustainable Transport: Futures, Strategies and Best Practices. Synthesis Report of the OECD Project on Environmentally Sustainable Transport EST, presented on occasion of the International est! Conference 4th to 6th October 2000, Vienna, Austria

OECD (2000a) Guidelines est! Environmentally Sustainable Transport: Futures, Strategies and Best Practices. Guidelines for Environmentally Sustainable Transport (EST), presented and endorsed at the International est! Conference held from 4th to 6th October 2000, Vienna, Austria

Oetterli J, Pettert F-L, Walter F (2001) Bausteine für eine nachhaltige Mobilität. Gesamtsynthese des NFP 41 Verkehr und Umwelt aus Sicht der Verkehrspolitik, der Wissenschaft und der Umsetzung. Bern

Oum T, Waters W, Young J (1992) Concepts of price elasticities of transport demand and recent empirical estimates. In: Journal of Transport Economics and Policy, 26. Jg., Heft 2, S 139 ff.

Prognos AG (1991) Wirksamkeit verschiedener Maßnahmen zur Reduktion der verkehrlichen CO_2-Emissionen bis zum Jahr 2005. Gutachten im Auftrag des Bundesministers für Verkehr. Basel

Prognos AG (1999) Die längerfristige Entwicklung der Energiemärkte im Zeichen von Wettbewerb und Umwelt. Im Auftrag des Bundesministeriums für Wirtschaft und Technologie, Basel

Prognos AG (2001) Erarbeitung von Entwürfen alternativer verkehrspolitischer Szenarien zur Verkehrsprognose 2015. Schlussbericht zu Projekt-Nr. 96.579/1999/ im Auftrag des Bundesministeriums für Verkehr, Bau- und Wohnungswesen. Basel

Prognos AG (2001a) Szenarienerstellung – Soziodemografische und ökonomische Rahmendaten, Zwischenbericht. Gutachten im Auftrag der Enquete-Kommission „Nachhaltige Energieversorgung" des Deutschen Bundestages. Basel

Prognos AG/EWI (1999) Die längerfristige Entwicklung der Energiemärkte im Zeichen von Wettbewerb und Umwelt. Für das Bundesministerium für Wirtschaft und Technologie. Basel

Projektgemeinschaft Bergmann, Hartmann, IFEU, ZEW (2001) Flexible Instrumente der Klimapolitik im Verkehrsbereich – Ergebnisbericht der Vorstudie. Gutachten im Auftrag des Ministeriums für Umwelt und Verkehr des Landes Baden-Württemberg. Heidelberg, Mannheim, Stuttgart

Radke V (1999) Nachhaltige Entwicklung. Konzept und Indikatoren aus wirtschaftstheoretischer Sicht. Heidelberg

RAPP AG Ingenieure + Planer (2000) Technische und betriebliche Möglichkeiten der Gebührenerhebung im Strassenverkehr. Materialband M20 des NFP 41 Verkehr und Umwelt. Bern

Rat von Sachverständigen für Umweltfragen (1994) Umweltgutachten 1994 – Für eine Dauerhaft-Umweltgerechte Entwicklung. Stuttgart

Rentz O, Wietschel M, Dreher M (1999) Einsatz neuronaler Netze zur Bestimmung preisabhängiger Nutzenenergienachfrageprojektionen für Energie-Emissions-Modelle. Endbericht. Karlsruhe

Rieke H (1972) Die künftige Entwicklung des Straßenverkehrs in der Bundesrepublik Deutschland. In: Beiträge zur Strukturforschung des DIW Berlin, Heft 22/1972. Berlin

Schühle U (1986) Verkehrsprognosen im prospektiven Test. Schriftenreihe des Instituts für Verkehrsplanung und Verkehrswegebau – Technische Universität Berlin, Nr.18. Berlin

Statistisches Bundesamt (o. J.) Güterverzeichnis für die Verkehrsstatistik, Ausgabe 1969. Stuttgart und Mainz

Statistisches Bundesamt (1999) Fachserie 14 Finanzen und Steuern, Reihe 7.1 Lohn- und Einkommensteuer 1995. Wiesbaden

Statistisches Bundesamt (2000) Bevölkerungsentwicklung Deutschlands bis zum Jahr 2050, Ergebnisse der 9. Koordinierten Bevölkerungsvorausberechnung. Wiesbaden

Statistisches Bundesamt (2001) Fachserie 15, Wirtschaftsrechnungen - Einkommens- und Verbrauchsstichprobe, Heft 4 Einnahmen und Ausgaben privater Haushalte. Wiesbaden

Stein G, Strobel B (Hrsg) (1999) Politikszenarien für den Klimaschutz. Untersuchungen im Auftrag des Umweltbundesamtes. Bd 5: Szenarien und Maßnahmen zur Minderung von CO_2-Emissionen in Deutschland bis 2020. Schriften des Forschungszentrums Jülich, Reihe Umwelt/Environment, Bd 20. Jülich

Sterner T (1990) The pricing of and demand for gasoline. TFB-Report. Stockholm

Storchmann KH (1997) Europäische Umweltabgabe auf den Pkw-Verkehr? – Empirische Analyse der Kraftstoffnachfrage. In: Zeitschrift für Verkehrswissenschaft, 68. Jg., Heft 4, Köln, S 249 ff

Storchmann KH (2001) The impact of fuel taxes on public transport – an empirical assessment for Germany. In: Transport Policy, vol 8, pp 19–28

Tengström E (1999) Towards Environmental Sustainability? A Comparable Study of Danish, Dutch and Swedish Transport Policies in a European Context. Aldershot

TÜV Rheinland (1994) Abgas-Emissionsfaktoren von PKW in der Bundesrepublik Deutschland - Abgasemissionen von Fahrzeugen der Baujahre 1986 bis 1990, im Auftrag des Umweltbundesamtes, UBA-Bericht 8/94. Berlin

TÜV Rheinland (1997) Ermittlung von Pkw-Emissionsfaktoren von Fahrzeugen der Baujahre 1991 bis 1994 in der Bundesrepublik Deutschland und Fortschreibung des Handbuchs – Teil 1, im Auftrag des Umweltbundesamtes, Forschungsbericht 205 06 100/01. Köln

TÜV Rheinland Sicherheit und Umweltschutz GmbH (TSU), Deutsches Institut für Wirtschaftforschung (DIW Berlin), Wuppertal Institut (WI) und Forschungsstelle für Europäisches Umweltrecht an der Universität Bremen (2001) Maßnahmen zur verursacherbezogenen Schadstoffreduzierung des zivilen Luftverkehrs. Gutachten im Auftrag des Umweltbundesamtes. In: Texte des Umweltbundesamtes, Heft 17/01. Berlin

Umweltbundesamt und Institut für Wirtschaftspolitik und Wirtschaftsforschung der Universität Karlsruhe (2000) OECD-Projekt Environmentally Sustainable Transport (EST) Phase 3, Deutsche Fallstudie. Berlin

Umweltbundesamt/Wuppertal Institut für Klima, Umwelt und Energie (1999) OECD-Projekt Environmentally Sustainable Transport (EST) Phase 2, Deutsche Fallstudie. Berlin

Verband der Automobilindustrie (VDA) (2001) Technischer Kongress 2001. 26.-27. März 2001, Bad Homburg v.d. Höhe Deutschland: Automobil – Treffpunkt Technik – Fahrzeugsicherheit – Energie und Umwelt. Tagungsband

VES 2001 Patyk A, Höpfner U (IFEU) Konzept für den Umweltvergleich und die Umweltbewertung, im Auftrag der Task-Force „Verkehrswirtschaftliche Energiestrategien" (Automobilindustrie und Energiewirtschaft in Kooperation mit dem BMV), 1999–2001

Voigt U (1999) Ökonomische Belastungswirkungen im Verkehrsbereich. In: DIW Berlin und FiFo Köln, Anforderungen an und Anknüpfungspunkte für eine Reform des Steuersystems unter ökologischen Aspekten. Berlin

Voigt U (2000) Weiter wachsende Bedeutung der privaten Ausgaben für den motorisierten Individualverkehr. In: Wochenbericht des DIW Berlin, Nr. 9

Wieland B (2001) Sustainable Growth – The Economist's View. University of Technology, Dresden. www.tu-dresden.de/vkiwv/vwipol/home.htm

Ziesing H-J (2003) Treibhausgas-Emissionen nehmen weltweit zu – Keine Umkehr in Sicht. In: Wochenbericht des DIW Berlin, Nr. 39, Berlin

Druck und Bindung: Strauss GmbH, Mörlenbach

MIX
Papier aus verantwortungsvollen Quellen
Paper from responsible sources
FSC® C105338

If you have any concerns about our products,
you can contact us on
ProductSafety@springernature.com

In case Publisher is established outside the EU,
the EU authorized representative is:
**Springer Nature Customer Service Center GmbH
Europaplatz 3, 69115 Heidelberg, Germany**

Printed by Libri Plureos GmbH
in Hamburg, Germany